라부아지에가 들려주는 물질 변화의 규칙 이야기

라부아지에가 들려주는 물질 변화의 규칙 이야기

ⓒ 임수현, 2010

초 판 1쇄 발행일 | 2006년 5월 24일
개정판 1쇄 발행일 | 2010년 9월 1일
개정판 13쇄 발행일 | 2021년 5월 28일

지은이 | 임수현
펴낸이 | 정은영
펴낸곳 | (주)자음과모음

출판등록 | 2001년 11월 28일 제2001-000259호
주   소 | 04047 서울시 마포구 양화로6길 49
전   화 | 편집부 (02)324-2347, 경영지원부 (02)325-6047
팩   스 | 편집부 (02)324-2348, 경영지원부 (02)2648-1311
e-mail | jamoteen@jamobook.com

ISBN 978-89-544-2081-5 (44400)

라부아지에가
들려주는

물질 변화의
규칙 이야기

| 임수현 지음 |

|주|자음과모음

새로운 물질 개발을 꿈꾸는 청소년을 위한 '물질 변화의 규칙' 이야기

오늘날 우리는 다양한 물질들이 가져다주는 풍요로운 생활을 누리고 있습니다. 아침에 일어나면 비누와 치약과 물을 이용하여 씻고, 식사 시간에는 탄수화물, 단백질, 지방을 비롯하여 무기 양분, 비타민 등을 섭취합니다. 감기 기운이 있을 경우에는 약을 먹기도 하지요. 학교에 가서 친구들과 여러 물감이나 풀 등을 이용하여 미술 공부를 하고, 종이와 펜을 사용하여 수학 공부를 하며, 실험실에서 여러 시약을 다루면서 과학 공부도 합니다. 집에 돌아오면 그날 쏘아 올린 인공위성의 안테나가 펼쳐지는 광경을 뉴스로 봅니다.

우리는 과학 시간에 다루는 시약과 같은 물질뿐 아니라 비누, 치약, 물, 물감, 풀, 종이, 펜을 비롯하여 위성 안테나까지 정말 다양한 물질들을 접하고 있습니다. 흙을 밟고 걸을 때도 숨을 쉴 때도 우리는 물질들에 둘러싸여 물질과 상호 작용을 하며 생활합니다.

이러한 물질들의 근원이 무엇인지, 물질들이 어떤 규칙성을 갖고 화학 반응을 하는 것인지에 대해 아직 알려지지 않았다면 이렇게 다양한 물질들을 찾아내 이처럼 편리하게 생활에 이용할 수 있었을까요?

이 책은 물질들이 화학 반응을 일으킬 때 어떤 기본적인 규칙성을 갖고 움직이는지에 대한 과학자들의 연구 과정을 담았습니다. 학생들이 물질의 과학을 접하는 데 도움이 되기를 바랍니다.

끝으로 저와 함께 수업을 해 온 모든 학생들과 이 책을 출간하기까지 많은 도움을 준 (주)자음과모음 관계자 여러분께 깊은 감사를 드립니다.

임 수 현

차례

1

물질을 이루는
기본 성분은?

물질을 구성하는 기본 성분은 원소이며 현재까지 알려진 원소는 100여 가지가
훨씬 넘습니다. 고대 그리스 시대의 과학자들도 물질을 구성하는 성분이
이렇게 많다는 것을 알고 있었을까요?

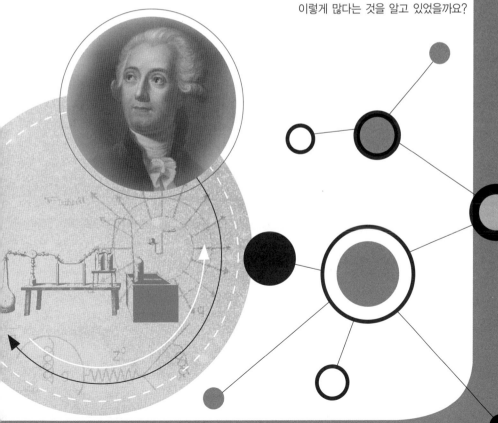

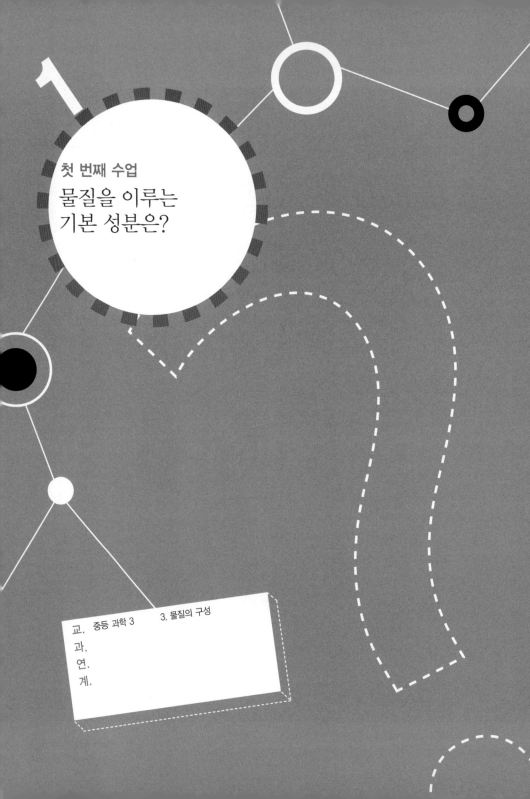

1

첫 번째 수업

물질을 이루는
기본 성분은?

라부아지에가 학생들과
무표정하게 인사를 나누고
첫 번째 수업을 시작했다.

창밖에는 소리 없이 비가 내리고 있었다. 학생들은 이번 강의가 무엇인지에 대해 긴장하며 선생님을 기다렸다.

여러분, 안녕하세요?

라부아지에는 학생들과 무표정하게 인사하고는 아무 말 없이 생각에 잠겼다. 학생들은 의아하게 여겼다. 아마도 선생님은 무슨 중요한 일을 하시다가 수업 시간이 되어 오신 듯했다. 라부아지에의 머릿속에는 온통 다른 생각들로 가득 차 있는 것 같았다.

__ 선생님, 무슨 생각을 그리 하시나요?

아! 내가 잠시 다른 생각을 했군요. 음…….

4원소설

학생들은 조금 실망하는 눈치였다. 라부아지에의 강의를 듣게 되어 기대가 컸었는데, 선생님은 뭔가 다른 일에 집중하고 있는 듯했다.

아, 내가 무슨 생각을 하는지 궁금한가 보군요. 허허.

그리스 시대의 과학자들이 나의 연구실로 놀러 왔지요. 그들은 이제 겨우 1원소설에서 벗어나 4원소설을 이야기하며 흥분하고 있었어요. 여러분은 4원소설이 무엇인지 알고 있나요?

__ 예, 세상의 모든 물질이 물, 불, 흙, 공기로 이루어져 있다는 생각이지요?

손을 번쩍 들고 상민이가 대답했다.

그럼 대답을 한 상민이의 생각은 어떤가요? 세상의 모든 물질이 정말 물, 불, 흙, 공기로 이루어져 있다고 생각하나요?

선생님의 질문에 상민이의 입이 뾰로통해졌다. 라부아지에의 질문이 터무니없다는 생각이 들었던 것이다. 물질을 이루는 성분이 원소라는 것은 이미 배운 바 있었기 때문이다.

허허. 너무 쉬운 질문에 화가 난 모양이로군요. 그렇다면 그리스 시대 과학자들의 생각을 바로잡을 수 있도록 설명을 해 볼까요?

— …….

학생들은 말이 없었다. 물질을 이루는 성분이 원소라고는 알고 있지만, 이를 그리스 시대 과학자들이 이해하도록 설명하라니, 당혹스

러웠던 것이다. 말이 입에서만 맴돌 뿐이었다.

그리스 시대 사람들은 만물이 물, 불, 흙, 공기로 이루어져 있다고 생각했지요. 그들은 오랜 시간 물을 가열하면 침전물이 생기는데, 그 침전물이 흙이라고 생각했어요. 물을 가열하면 흙이 된다고 생각한 것이지요.

　__그럼 그 침전물이 흙이 아니라는 것을 증명해 내면 되겠네요.

예, 그렇지요. 1768년 나는, 이제 여러분에게 보여 주고자 하는 실험을 통해 4원소설이 틀렸다는 것을 사람들에게 알렸지요.

펠리컨 병 실험

라부아지에는 실험실에서 유리병을 가지고 와서 학생들에게 보여 주었다.

이 유리병은 펠리컨 병이라고 해요. 펠리컨을 닮았다고 해서 붙여진 이름이지요. 펠리컨 병은 몇 번이고 증류를 반복

할 수 있도록 연금술사들이 고안한 유리병이랍니다.

　빈 유리병의 질량과 물을 담은 유리병의 질량을 각각 측정
하여 기록해 두었다고 합시다. 그 다음 물이 담긴 유리병을
잘 밀폐하여 101일 동안 가열하였습니다.

　101일 동안 가열한 밀폐된 펠리컨 병 속에서는 정말 침전
물이 생겼습니다. 이를 상온에서 냉각시킨 후 밀폐 장치를
열어 침전물의 질량, 물의 질량, 그리고 펠리컨 병의 질량을
각각 측정해 보았습니다. 질량에는 어떤 변화가 생겼을까요?

　펠리컨 병의 질량이 감소하였습니다. 그리고 감소한 펠리
컨 병의 질량은 침전물의 질량과 같았지요.

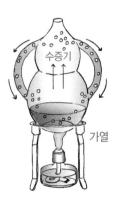

펠리컨 병

실험 전 펠리컨 병의 질량

= 실험 후 펠리컨 병의 질량 + 침전물의 질량

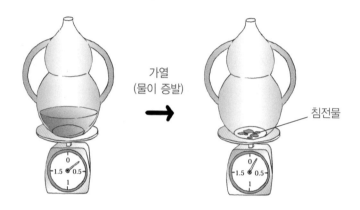

가열
(물이 증발)

➡

침전물

　__침전물은 물로부터 비롯된 것이 아니라, 펠리컨 병에서
비롯된 것이군요.

　__이런, 그리스 시대 과학자들은 물이 흙으로 변한다는 잘
못된 생각을 고쳐야 했겠네요.

　그래요. '물을 가열하면 흙이 된다'는 생각이 잘못된 것이라
고 밝혀지자 사람들은 4원소설도 부정하게 되었지요.

원소 – 물질을 이루는 기본 성분

학생들은 고개를 끄덕였고, 상민이가 말을 덧붙였다.

__ 오늘날에는 물질을 구성하는 성분을 원소라고 하고, 지금까지 알려진 원소는 모두 100여 가지가 넘는다고 배웠어요.

아주 잘 알고 있군요. 그런데 옛날 과학자들은 물질을 구성하는 기본 성분을 처음부터 4원소라고 생각했을까요?

__ 처음에는 1원소설을 믿었지요.

상민이의 대답에 라부아지에는 부드럽게 미소를 지으며 말을 이었다.

탈레스(Thales, B.C.624?~B.C.546?)는 만물의 근원이 물이라는 1원소설을 주장했고, 엠페도클레스(Empedokles, B.C.490?~B.C.430?)가 4원소설을 이야기했지요. 그렇다면 우리의 옛날 과학자들은 과학자라고 불리기에 부끄럽다고 할 만큼 아는 바가 없었다고 할 수 있을까요?

라부아지에는 학생들을 향해서 물었다. 그러자 학생들이 대답했다.

__과학자라고 하지 말아야 해요. 우리보다 공부도 안 했나 봐.

　__하하하.

학생들 모두가 웃었지만 상민이는 다르게 생각했다.

　__그 시대의 과학 단계에서는 훌륭한 사고였다고 생각해요. 그러한 사고의 과정과 검증을 거친 결과, 오늘날과 같이 다양한 물질들을 이용해 풍요롭게 살 수 있는 것이 아닐까요?

학생들은 갑자기 조용해지며 고개를 끄덕였다.

　오늘날 우리는 다양하고 복잡한 물질들을 생활 곳곳에서 편리하게 사용하고 있어요. 와이어나 세라믹, 합금, 의약품들에 이르기까지 많은 물질들이 우리 생활 속에서 반응하며 우리의 생활을 편리하게 해 줍니다. 모두 옛날 과학자들이 물질에 대해 가장 기본적인 생각부터 차근차근 연구해 온 결과지요. 그래서 이번 열흘 동안의 수업에서는 과학자들이 어떻게 물질들의 세계를 연구해 왔는지, 물질들의 세계에서도 규칙들이 적용되는지에 대해 공부하려고 합니다. 물질의 세

계로 차근차근 들어가 봅시다.

과학자의 비밀노트

탈레스의 1원소설(기원전 6세기)

탈레스는 지진 현상을 보고 원판형의 지구가 물 위에 떠 있다고 생각하였다. 즉, 만물의 근원은 물이라고 생각하여 1원소설을 주장했다.

엠페도클레스의 4원소설(기원전 5세기)

엠페도클레스는 만물의 근원을 불, 흙, 공기, 물의 4가지로 되어 있다고 보고, 이들 원소를 결합시키고 분리시키는 힘을 '사랑'과 '미움'으로 가정하였다. 모든 물질은 이 4가지 원소가 결합하여 이루어지는데 예를 들어 뼈는 불, 물, 흙으로 되어 있다고 하였다.

이 영화는 4원소설에 가상으로 한 가지를 더한 내용으로 만든 영화예요. 재미있었나요?

네, 재미있었어요.

제 5 원소

그런데 왜 옛날 사람들은 원소가 4가지만 있다고 생각했나요?

4원소설이 나오기 전에는 1원소설을 믿었답니다.

1원소설이요?

탈레스는 만물의 근원이 물이라는 1원소설을 주장했고, 이후 엠페도클레스가 4원소설을 이야기했습니다.

4원소설은 어떻게 나왔나요?

1원소설

4원소설

그리스 사람들은 만물이 물, 불, 흙, 공기로 구성되었다고 생각했습니다. 왜냐하면 물을 오랜 시간 가열했을 때 생기는 물질을 흙이라고 생각했기 때문이지요.

물

불

흙

공기

나는 1768년에 실험을 통해 물이 흙으로 변하는 것이 아니라는 것을 알아냈지요. 즉, 4원소설이 틀렸다는 것을 증명한 것입니다.

그러나 그 시대에 4원소설을 생각해 낸 것도 아주 대단한 일이며, 이런 생각들이 오늘날 우리가 풍요롭게 살 수 있는 원동력이 되었다고 할 수 있어요.

네, 그런 것 같아요.

2

물질을 이루는 기본 입자는?

물질을 이루는 기본 입자는 원자입니다.
데모크리토스는 물질을 계속 쪼개면 더 이상 쪼갤 수 없고
성질도 변하지 않는 작은 입자인 원자에 이른다고 주장했습니다.

두 번째 수업

물질을 이루는 기본 입자는?

라부아지에가 웅성거리는 학생들을
조용히 시키면서
두 번째 수업을 시작했다.

라부아지에는 수업이 시작되자마자 학생들에게 질문을 했다.

물질을 이루는 기본 성분을 무엇이라고 하지요?

라부아지에의 질문에, 학생들은 자신만만한 얼굴로 빙긋 웃으며 대
답하였다.

__ 원소요.

그래요, 지난 시간에 배웠지요. 그럼 물질을 이루는 기본

입자는 무엇이지요?

학생들은 어리둥절하였다. 분명히 지난 시간에 원소라고 말씀을 하셨으면서 왜 되물으시는 건지 이해할 수 없었기 때문이다. 이때 많은 학생들 중에서 상민이가 조심스레 대답을 했다.

__물질을 이루는 기본 성분을 원소라고 하는데, 그러면 물질을 이루는 기본 입자를 이르는 용어가 따로 있나요?

이어서 영빈이가 눈을 반짝이며 대답을 했다.

__원자예요. 물질을 이루는 기본 입자는 원자예요.

원자 – 물질을 이루는 기본 입자
원소 – 물질을 이루는 기본 성분

우리는 원소와 원자의 의미를 혼동해서 사용할 때가 많아요. 원자는 atom이라고 하는데, 그리스 어가 어원이며 a + tomos의 의미입니다. a는 영어의 not으로 부정을 의미하며, tomos는 영어의 cut으로 자른다는 의미입니다. 그러므로 원자라는 의미는 '나누어질 수 없다'의 의미인 것이죠. 이 원자라는 용어를 처음으로 사용한 사람은 데모크리토스인데, 당시에는 이러한 그의 주장을 부정적으로 받아들였습니다.

atom = a(not) + tomos(cut) : 나누어질 수 없다.

물질을 계속해서 쪼개어 나가면 더 이상 쪼갤 수 없는 입자 상태로 된다는 생각이었지요. 하지만 물질을 나누다 보면 계속 쪼개어져서 아무것도 남지 않는다는 생각을 가진 사람들도 있었어요.

입자설과 연속설

물질은 연속적이므로 무한히 계속 쪼갤 수 있고, 계속해서 나누다 보면 결국 아무것도 남지 않는 상태가 된다는 생각이 연속설이며, 아리스토텔레스(Aristoteles, B.C.384~B.C.322)가 주장하였습니다. 한편 데모크리토스(Demokritos, B.C.460?~B.C.370?)는 물질을 계속해서 쪼개다 보면 더 이상 쪼갤 수 없는 입자로 된다고 생각했는데, 이를 입자설이라고 합니다.

라부아지에는 학생들에게 어떤 생각이 더 맞을지 또 각각의 생각을
증명할 수 있는 예로 무엇이 있는지 생각해 보라고 하였다. 학생들
은 골똘히 생각했다.

입자설을 증명할 수 있는 예로 무엇이 있을까요?

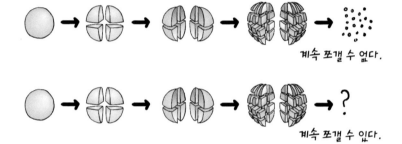

계속 쪼갤 수 없다.

계속 쪼갤 수 있다.

둥근 원을   점점 잘게   더 이상 쪼갤 수 없는 입자 상태에 도달한다.(입자설)
쪼개어 간다.   →   쪼개다 보면 <
                              물질이 없어질 때까지 계속 쪼갤 수 있다.(연속설)

입자설과 연속설

___물 100mL에 에탄올 50mL를 녹이면 물 입자와 에탄올
입자의 크기가 달라서 에탄올 수용액의 부피는 150mL보다
작아져요.

___소금을 물에 녹일 때도 마찬가지예요.

___비눗방울 막은 무한히 더 얇아지거나 넓어지지 않아요.

　　물에 황산구리를 넣으면 황산구리의 구리 이온 입자 때문에 물 전체가 푸른색이 되어요.

　　금속박은 무한히 얇아지지 않아요.

　　향수 냄새가 방 전체에 퍼져요.

　　밀가루 반죽은 무한히 얇아지지 않아요.

학생들은 서로 손을 들고 입자설을 증명할 수 있는 예를 이야기하였다.

　　입자설로 여러 가지 현상을 설명할 수 있군요. 그럼 주사기의 끝을 막고 피스톤을 누르면 부피가 감소하는데, 이를 입자설과 연속설로 각각 설명해 볼까요?

라부아지에는 학생들에게 질문을 하였다. 그러자 학생들은 저마다 골똘히 생각을 하더니 이곳저곳에서 손을 들기 시작하였다.

　＿입자설로 현상을 설명하자면, 공기 입자 사이에는 빈 공간이 있기 때문에 피스톤을 누르면 입자 사이의 거리가 가까워져서 부피가 감소하는 것이라고 말할 수 있어요.

　＿연속설로 설명하자면, 물질이 연속적으로 이루어져 있다는 것은 물질 사이에 빈 공간이 없다는 것이지요. 그럼 주사기의 피스톤을 누르면 공기가 진해져서 부피가 감소하는 것이겠네요.

　그렇지요. 그럼 고무풍선 안에 향수를 한두 방울 넣고 묶어 둔 후 고무풍선에서 향수 냄새가 나는 현상은 입자설로 설명되는 것일까요, 아니면 연속설로 설명되는 것일까요?

　＿고무풍선에서 냄새가 나는 것은 풍선 밖으로 향수 입자가 새어 나왔기 때문이지요. 그러므로 물질은 입자로 되어 있다는 입자설로 설명할 수 있어요.

　학생들은 저마다 자신의 생각을 발표하였다. 라부아지에는 학생들이 저마다 자신의 생각을 발표하는 것을 보고 이렇게 물질의 구성에 대한 기초적인 생각에서부터 출발하여 지금의 복잡하고 다양한 물질 연구가 이루어지고 있는 것임을 강조하였다. 그리고 이어 말을 하였다.

이제 원자라는 작은 입자가 모여서 하나의 물질을 이루고, 어떻게 변화하는지 그 과정에 대해 공부해 봅시다.

화학 변화와 물리 변화

물이 수증기나 얼음으로 변할 때와 물을 수소와 산소로 전기 분해할 때의 차이점은 무엇일까요?

상태 변화와 같이 물질의 성질이 변화하지 않는 경우를 물리 변화라 하고, 물질의 성질이 변화하는 경우를 화학 변화라고 합니다.

__그러니까 물이 얼음이나 수증기로 되는 것은 상태만 변화한 것이지 성질이 변한 것은 아니므로 물리 변화를 했다는 것이지요?

__그럼 병이 깨지는 것도 물리 변화네요. 병을 이루는 유

깨진 병

고드름

얼음물이 담긴 컵

물리 변화의 예

리의 성질은 변화하지 않았으니까요.

　—아이스크림 가게에서 드라이아이스를 받은 적이 있는데, 그 드라이아이스가 점점 작아졌어요. 이산화탄소 기체로 승화한 것인데, 그렇다면 이것도 물리 변화예요.

　—소금을 물에 녹여 소금물이 되었을 때도 소금의 성질과 물의 성질이 모두 살아 있으니까 이것도 물리 변화예요.

　학생들은 저마다 생활 속에서 찾을 수 있는 물리 변화에 대해 이야기했다.

　자, 그럼 이제 화학 변화의 예에 대해 이야기하지요.

라부아지에가 화학 변화라는 말을 꺼내자마자 학생들은 저마다 손을 들기 시작했다. 라부아지에는 흐뭇한 얼굴로 제일 먼저 손을 든 사람부터 이야기를 하도록 해 주었다.

__물을 수소와 산소로 전기 분해하는 것은 화학 변화이지요. 반응물인 물의 성질과 생성물인 수소와 산소의 성질이 모두 다르니까요.

__김치가 익어 가는 것도 화학 반응이에요. 김치가 시어지면서 발효되어 맛이 달라지거든요. 성질이 변한 것이지요.

__못이 녹스는 것도 화학 변화예요. 일반 못에 묽은 염산을 떨어뜨릴 때는 수소가 발생하지만, 녹슨 못에 떨어뜨릴 때는 수소가 발생하지 않아요. 일반 못과 녹슨 못이 서로 성

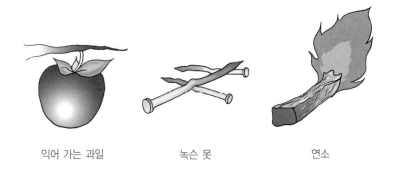

| 익어 가는 과일 | 녹슨 못 | 연소 |

화학 변화의 예

질이 다른 물질이라는 증거이지요.

＿과일이 익어 가는 것도 화학 변화예요.

학생들은 다양한 의견을 발표히였다. 교실 안이 어느 정도 조용해지자 라부아지에는 학생들이 한 말들을 모아 정리하기 시작하였다.

다들 물리 변화와 화학 변화에 대해 잘 알고 있군요. 원자가 모여서 물질을 이루고 이 물질은 우리 생활 속에서 물리 변화나 화학 변화를 일으킵니다. 물질이 연소되는 것도 화학 반응이에요. 다음 시간에는 연소에 대해 이야기해 봅시다.

과학자의 비밀노트

상태 변화

에너지의 흡수와 방출에 따라 물질의 상태가 고체, 액체, 기체로 변화하는 것을 상태 변화라고 한다. 기체가 액체로 변하는 액화, 액체가 기체로 변하는 기화, 고체가 액체 과정을 거치지 않고 기체로 변하거나 기체가 바로 고체가 되는 승화, 액체가 고체로 변하는 응고, 고체가 액체로 변하는 융해(용융) 현상은 모두 상태 변화의 과정들이다. 더 자세한 내용은 《아보가드로가 들려주는 물질의 상태 변화 이야기》 책을 참고하기 바란다.

물질을 이루는 기본 입자는 무엇인지 아나요?

선생님이 원소라고 가르쳐 주셨잖아요.

맞아요. 그렇게 배웠어요.

원소는 물질을 이루는 기본 성분이고, 기본 입자는 다르게 부른답니다.

기본 성분과 기본 입자가 다른 것이라고요?

헷갈리네.

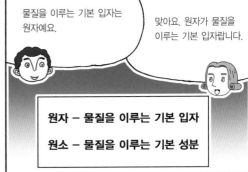

물질을 이루는 기본 입자는 원자예요.

맞아요. 원자가 물질을 이루는 기본 입자랍니다.

원자 – 물질을 이루는 기본 입자

원소 – 물질을 이루는 기본 성분

원소와 원자의 의미를 혼동할 때가 많은 것 같아요.

$$atom = a(not) + tomos(cut)$$
: 나누어질 수 없다.

그렇죠? 원자는 atom이라고 하는데, 그리스 어가 어원이며 a + tomos의 의미입니다. a는 영어의 not으로 부정을 의미하며, tomos는 영어의 cut으로 자른다는 의미입니다.

그러므로 원자는 '나누어질 수 없다'를 의미하는 것이죠.

그럼 원자라는 말을 처음으로 쓴 사람은 누구인가요?

원자라는 용어를 처음으로 사용한 사람은 데모크리토스인데, 처음에는 원자에 대한 그의 주장이 제대로 받아들여지지 않았답니다.

물질은 더 이상 쪼개지지 않는 원자로 구성되어 있어.

3

연소 이야기

우리는 생활 속에서 많은 연소 반응을 관찰합니다.
나무나 금속이 연소할 때는 물론이거니와
가스레인지를 사용하는 것에서도 연소 반응을 관찰할 수 있습니다.

세 번째 수업

연소 이야기

라부아지에가 약간 상기된 얼굴로
교실에 들어와
세 번째 수업을 시작했다.

오늘 아침에 프리스틀리(Joseph Priestley, 1733~1804)가 찾아왔어요. 여러분은 프리스틀리를 알고 있나요?

＿프리스틀리는 산소를 발견한 과학자 아닌가요?

예, 그래요. 프리스틀리는 여러분이 좋아하는 소다수를 처음으로 만든 사람이기도 하지요.

＿프리스틀리와 무슨 이야기를 하셨어요?

라부아지에는 한숨을 쉬면서 말을 이어 갔다.

프리스틀리는 물질이 연소될 때 플로지스톤이라는 것이 빠져나간다고 했습니다. 그래서 나무를 태울 때 질량이 감소되는 것은 나무에 있던 플로지스톤이 빠져나가기 때문이라는 것입니다. 여러분 생각은 이띤가요?

학생들은 어떻게 대답해야 할지 머뭇거렸다.

__ 나무를 태울 때나 에탄올을 태울 때를 생각해 보면, 모두 태우기 전보다 질량이 감소하기는 해요. 정말 플로지스톤이라는 것이 물질마다 붙어 있어서 연소될 때 빠져나가나요?
__그럼 금속을 연소시킬 때 플로지스톤이 빠져나간다면 연소된 금속의 질량도 감소하나요?

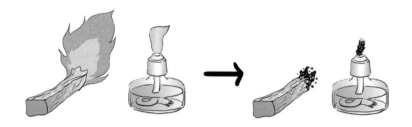

여러 가지 연소

상민이의 질문을 들은 라부아지에는 강철 솜을 가져왔다. 강철 솜은 철을 가느다랗게 실처럼 뽑아서 솜 모양으로 뭉쳐 놓은 것이다. 라부아지에는 강철 솜의 질량을 측정하고 강철 솜을 알코올램프를 이용해 연소시킨 후 다시 그것의 질량을 측정해 보았다. 그랬더니 강철 솜의 질량이 증가된 것으로 측정이 되었다.

__ 어, 프리스틀리의 말에 따라 플로지스톤이 빠져나가면 질량은 감소해야 되지 않나요?

그렇습니다. 플로지스톤이 빠져나가면 연소된 강철 솜의 질량은 감소되어야 하지요. 그래서 프리스틀리에게 이 실험을 보여 주었습니다. 그랬더니 프리스틀리는 껄껄 웃으며 자신이 해 본 산화수은 가열 실험의 예를 들려주더군요.

강철 솜의 연소 실험

산소의 발견

프리스틀리는 지름이 30cm나 되는 대형 볼록 렌즈를 선물 받았습니다. 이 볼록 렌즈를 사용하여 어떤 물질에 태양 광선을 집중시켜 보는 실험을 하였습니다. 붉은 수은 산화물 위에 태양 광선을 집중시켜 보니 기체가 발생하였는데, 프리스틀리는 이 기체를 탈플로지스톤이라고 설명하였습니다. 자연 속에서 플로지스톤을 가진 공기보다도 연소되고 있는 물질로부터 더 활발하게 플로지스톤을 흡수하는 것으로 보였기 때문입니다.

프리스틀리는 계속해서 플로지스톤으로 연소를 설명하고자 했지요. 원래 플로지스톤이란 용어는 독일의 과학자 슈탈 (Georg Stahl, 1660~1734)이 처음으로 사용했습니다. 슈탈은 금속을 연소시키면 금속재와 플로지스톤으로 된다고 생각한 것이지요. 프리스틀리는 슈탈의 이론을 신뢰하고 있었던 것이에요. 오늘 아침에도 나의 연구실로 찾아와 플로지스톤설에 대해 이야기했지요.

그러나 라부아지에는 플로지스톤설이 틀린 가설이라고 확신하는 것 같았다.

볼록 렌즈를 이용한 프리스틀리의 가열 실험

＿선생님은 왜 플로지스톤설이 틀리다고 생각하세요?

허허, 급하기도 하네요. 천천히 더 들어 봅시다. 나는 프리
스틀리의 붉은 수은 산화물 가열 실험에서 그가 탈플로지스
톤이라고 믿었던 새로운 기체에 대해 흥미를 갖고 있었습니
다. 그래서 그 기체를 모으는 방법을 프리스틀리에게 충분히
알아 놓았죠. 프리스틀리는 그 기체 속에 촛불을 넣으면 불
꽃이 더 세게 타오른다고 했고, 밀폐된 유리 그릇 속에 쥐를
넣어서 관찰할 때 보통의 공기보다 이 기체를 넣어 주면 훨씬
오래 견디는 것을 보았다고 했습니다. 여러분, 이 기체가 무

엇인지 알겠어요?

　__ 더 잘 타도록 도와주는 기체는 산소이지요.

　__호흡에도 필요한 기체예요.

　그렇지요. 프리스틀리기 탈플로지스톤이라고 믿고 있었던 기체는 바로 산소였어요. 프리스틀리가 산소를 발견한 것이에요. 물질이 산소와 화합하는 것을 산화라고 합니다. 그리고 산화 반응 중에서 열과 빛을 발생하며 빠르게 일어나는 반응을 연소라고 하지요. 연소에는 산소가 필요합니다. 프리스틀리는 산소를 발견했으면서도 아쉽게도 연소에 대해 플로지스톤설을 버리지 못하고 있었던 것이지요.

　안타까운 표정을 지으며 상민이가 질문을 하였다.

　__프리스틀리가 고집을 피워서 선생님이 힘드셨나 봐요. 그런데 선생님은 어떻게 플로지스톤설이 틀리다는 생각을 하셨나요?

산화설

　나무나 에탄올과 같은 물질이 연소된 후에는 생성물로 기체가 발생하므로 질량이 감소하지만, 금속과 같은 경우에는 오히려 질량이 증가합니다. 물론 플로지스톤설을 신봉하는 과학자들은 금속의 연소 같은 경우는 음의 플로지스톤이 빠져나가서 질량이 증가하는 것이라고 주장합니다. 그러나 나는 다양한 금속들을 연소시켜 보면서 연소는 산소와 화합하는 것이라고 생각한 것입니다. 조금 전에 내가 보여 주었던 강철 솜의 연소 실험도 마찬가지입니다.

철이나 구리와 같은 금속이 공기 중의 산소와 화합하여 연소하면 그 후의 질량은 어떻게 되지요?

라부아지에는 학생들에게 물었다.

＿ 화합한 산소의 질량만큼 증가해요.

＿ 연소 반응 후 생성물의 질량이 반응물의 질량보다 많아지는 것이지요.

＿ 플로지스톤설에 의하면 금속이 연소할 때에도 질량이 감소하여야 하는데, 실제로 금속의 연소에서는 질량이 증가하므로 연소는 산소와 화합하는 것이라야 더 합당한 것이지요.

예, 그래요. 프리스틀리가 고집을 피우는 바람에 내가 좀 흥분했지만, 프리스틀리는 산소라는 기체에 대해 나에게 소개해 줬어요. 고마운 사람이지요.

다음 시간에는 이 산소라는 기체로 여러 가지 연소 실험을 하면서 얻게 되는 물질의 양적인 법칙에 대해 공부하기로 하지요. 이제 비로소 화학 변화를 일으키면서 물질들이 지키고 있는 규칙에 대해 공부하게 되는군요.

이 소다수를 만든 사람이 누구인지 알고 있나요?

음료수 회사에서 만들지 않나요?

프리스틀리라는 사람이 소다수를 만들었답니다. 그는 물질이 연소될 때 플로지스톤이라는 것이 빠져나간다고 주장했지요.

플로지스톤이요?

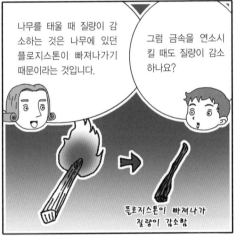

나무를 태울 때 질량이 감소하는 것은 나무에 있던 플로지스톤이 빠져나가기 때문이라는 것입니다.

그럼 금속을 연소시킬 때도 질량이 감소하나요?

플로지스톤이 빠져나가 질량이 감소함

강철 솜을 알코올램프를 이용해 연소시킨 후 질량을 측정해서 확인해 볼까요?
질량이 증가했지요?

프리스틀리의 말에 따라 플로지스톤이 빠져나갔다면 질량은 감소해야 되지 않나요?

맞아요. 하지만 프리스틀리는 이 실험을 믿지 않았어요. 그래서 볼록 렌즈를 이용한 붉은 수은산화물 가열 실험을 했는데, 이때 발생하는 기체를 탈플로지스톤이라고 했지요.

탈플로지스톤이요?

네. 그리고 나중에 다른 과학자에 의해 이것이 산소라는 것이 밝혀졌는데, 프리스틀리는 처음으로 산소를 발견하고도 그 사실을 몰랐답니다.

나중에라도 알았다면 억울했을 것 같아요.

4

질량 보존의 법칙

반응 전후의 질량의 총합은 일정합니다.
화학 반응뿐 아니라 물리 변화에서도 마찬가지이지요.

네 번째 수업

질량 보존의 법칙

라부아지에가
무척 경쾌해 보이는 표정으로
네 번째 수업을 시작했다.

__선생님, 좋은 일 있으세요?

음, 오늘은 내가 천칭을 이용하여 수치적으로 알아낸 물질의 법칙에 대해 설명하고자 해요.

학생들은 다른 때보다 눈빛이 더 초롱초롱해졌다. 모두들 기대에
가득 찬 얼굴이다.

나는 프리스틀리가 알려 준 산소를 이용하여 여러 가지 연
소 실험을 하였습니다. 다양한 금속을 연소시켜 보고 인이나

황과 같은 비금속 물질도 연소시켜 보았습니다.

지난 시간에 배운 것에 대해 물어보겠어요. 물질을 연소시킬 때 필요한 기체가 무엇이지요?

＿산소입니다.

그렇지요, 잘 알고 있군요. 자, 그럼 이 이야기를 한번 들어보도록 해요.

나는 어느 날 황을 연소시켜 보았어요. 우선 황을 연소시키기 전에 질량을 측정해 보았지요. 그런 뒤 산소가 들어 있는 실험 장치에서 황을 연소시켰더니 반응한 산소의 질량만큼 황 연소물의 질량이 증가한 것을 여러 차례의 실험 끝에 확인했어요.

라부아지에가 말을 마치자 학생들은 어리둥절했다. 라부아지에는 껄껄 웃으며 자신의 실험보다 좀 더 쉬운 설명으로 이어 갔다.

4g의 반죽과 1g의 반죽이 만났을 때의 질량은?

라부아지에는 밀가루 반죽을 가지고 왔다. 학생들은 라부아지에가 손에 든 반죽을 보고는 장난기 가득한 얼굴로 생글생글 웃었다.

__ 반죽 놀이를 할 건가요?

그래요, 공 모양의 반죽과 납작한 세모 모양의 반죽을 만들어 볼까요?

학생들은 왁자지껄 떠들며 밀가루 반죽을 뭉쳐서 모양을 만들었다. 크기가 제각각이었다. 라부아지에는 만들어진 반죽을 손에 들고 학생들을 향해 말했다.

여기 공 모양과 납작한 세모 모양의 반죽이 있습니다. 여러분 개개인마다 크기와 모양이 조금씩 다르지만 모양만 비슷하면 모두 같은 물질이라고 약속하기로 합시다.

라부아지에는 공 모양은 구리, 세모 모양은 산소라고 정했다. 이제 라부아지에는 공 모양의 구리를 연소시키는 시늉을 했다.

공 모양의 구리를 연소시키는 중이라고 가정합시다. 어떤 반응이 일어나고 있는 중일까요?
__ 연소 반응이니까 공기 중의 산소와 화합해야 해요.

이제 라부아지에는 한 손으로는 공 모양의 반죽을 들고, 다른 한 손

으로 세모 모양의 반죽을 들고 학생들을 바라보았다. 이어 라부아
지에는 세모 모양의 반죽이 공기 중에서 날아와서 공 모양의 반죽
위에 붙는 모습을 연출했다.

공 모양의 구리와 세모 모양의 산소가 만났으니까 금속의
산화가 이루어진 것이에요. 공 모양과 세모 모양이 합쳐진
모양은 생성물인 산화구리이지요.
공 모양을 4g이라고 가정하고 세모 모양을 1g이라고 가정
합시다. 그럼 합쳐진 모양은 몇 g일까요?
__그야 4g + 1g = 5g이지요.

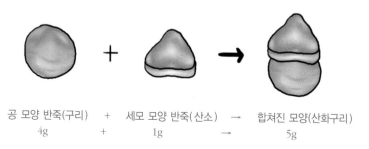

공 모양 반죽(구리)　＋　세모 모양 반죽(산소)　→　합쳐진 모양(산화구리)
　　　4g　　　　＋　　　　　1g　　　　　→　　　　　5g

반응물의 질량과 생성물의 질량이 같지요. 이것이 바로 질
량 보존의 법칙이에요.
화학 반응이 일어날 때 물질을 이루는 원소의 질량이나 모

양은 변하지 않는답니다. 이는 돌턴의 원자설에서 자세히 다룰 거예요.

화학 변화 – 반응물과 생성물의 원자 배열 상태가 변화하는 것

반응 전의 물질을 반응물이라고 하고, 반응 후의 물질을 생성물이라고 합니다. 반응물은 화학변화를 거치면서 전혀 다른 성질을 갖는 생성물로 변화합니다. 이때 반응물을 이루는 원자의 종류나 개수, 질량은 변화하지 않지만 그 배열 상태가 변하게 됩니다. 그러므로 반응물과 생성물을 구성하는 원자는 그대로이고 배열 상태만 변하므로 화학 반응 전후의 질량은 보존되는 것입니다.

AB라는 화합물과 CD라는 화합물이 있다고 할 때 이 두 화합물은 만나서 화학 반응을 일으킬 것입니다. 그래서 새로운 배열을 갖는 AD라는 화합물과 CB라는 화합물을 생성합니다.

$$AB + CD \rightarrow AD + CB$$

화학 반응 전후에 달라진 것을 살펴보면, 반응 전의 A, B,

C, D 원자는 반응 후에도 A, B, C, D 원자로 존재하는 것을 볼 수 있습니다. 단지 배열만 바뀌어서 다른 물질이 되었을 뿐입니다. 반응물과 생성물을 이루는 원자의 종류, 수가 같으므로 질량이 같은 것입니다.

위와 같은 라부아지에의 설명을 들으면서 학생들은 점점 더 눈이 초롱초롱해졌다. 라부아지에가 실제로 실험을 해 보자고 하였다.

질량 보존의 법칙

질산은 수용액과 염화나트륨 수용액을 반응시켜 봅시다.

라부아지에는 시험관 2개에 질산은 수용액과 염화나트륨 수용액을 각각 넣었다.

어떻게 해야 화학 반응 전후의 질량의 총합이 일정하다는 것을 증명할 수 있을까요?
__반응하기 전 두 시험관의 총 질량을 측정한 다음에 두 시험관의 용액을 혼합하여 반응시킨 후 전체 질량을 측정해

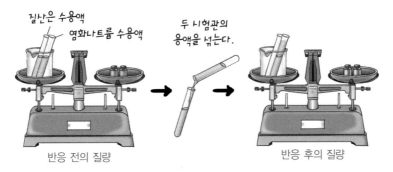

질산은 수용액
염화나트륨 수용액
두 시험관의 용액을 넘는다.

반응 전의 질량

반응 후의 질량

질량 변화가 없음

보면 돼요.

질산은 + 염화나트륨 → 염화은 + 질산나트륨

$AgNO_3 + NaCl → AgCl + NaNO_3$

__두 시험관의 용액을 반응시킨 후 질량을 측정할 때 왜 비어 있는 시험관의 질량까지 측정하나요?

반응 전의 질량을 측정할 때 시험관 2개의 질량이 포함되어 있었기 때문에 반응 후에도 시험관 2개의 질량이 함께 측정되어야 시료의 질량 변화를 확인할 수 있지요. 자, 이제 실험을 해 보니 어떤가요? 반응 전후의 질량의 합이 같은가요?

__예.

어떤 물질이 화학 변화를 일으킬 때 반응 물질과 생성 물질의 질량 총합은 같습니다. 염화나트륨 수용액과 질산은 수용액의 반응뿐 아니라 아이오딘화칼륨 수용액과 질산납 수용액으로 같은 실험 장치를 이용하여 확인해 볼 수 있습니다.

그럼 이번엔 탄산칼슘에 묽은 염산을 떨어뜨려 보는 실험을 해 볼까요?

이번에도 학생들은 같은 실험 장치를 이용하여 질량을 측정해 보았다. 그런데 결과는 달랐다. 질량이 감소한 것이다.

__어, 선생님, 질량 보존의 법칙이 성립하지 않는 경우도 있나요?

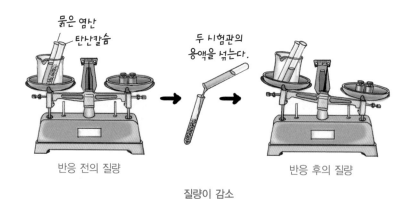

반응 전의 질량　　　　　　　　　　반응 후의 질량

질량이 감소

한 학생의 질문에 라부아지에는 다시 학생들에게 되물었다.

왜 우리가 예상하지 못한 결과가 나왔을까요?

__묽은 염산과 탄산칼슘이 반응하면 기체가 발생하는데, 발생한 기체가 공기 중으로 날아가 버렸기 때문이에요.

맞아요. 발생한 기체는 이산화탄소인데, 이 이산화탄소가 생성물로 발생하여 공기 중으로 날아가 버렸기 때문에 질량의 손실이 생긴 것이지요.

영빈이가 고개를 끄덕이며 화학 반응식을 써 보더니 이렇게 물었다.

__그럼 기체가 발생하는 시험관에서는 반응 전후의 질량은 보존되지 않는 건가요?

닫힌계와 열린계

'계'라고 하면 물리적, 화학적 변화를 일으키는 물질을 둘러싸고 있는 부분을 말합니다. 반응이 일어난 시험관이 계가 되는 것입니다. 그리고 계의 밖을 '주위'라고 합니다. 계에는 닫힌계와 열린계, 고립계가 있습니다. 닫힌계는 계와 주위가 서로 에너지의 출입은 있지만 물질의 출입이 없는 경우를 말합니다. 열린계는 물질과 에너지의 출입이 모두 가능한 경우이고, 고립계는 물질과 에너지의 출입이 모두 불가능한 경우를 말합니다.

＿그럼 반응이 일어나는 시험관은 안과 밖에서 물질의 출입이 자유로우니까, 즉 열린계이니까 발생한 이산화탄소 기체가 공기 중으로 날아가 버려서 질량이 감소한 것으로 나타난 것이지요? 그럼 닫힌계에서 실험을 하면 기체가 공기 중으로 날아가 버리지 못하니까 질량은 보존되는 것인가요?

자, 그것은 실험을 통해서 알아보도록 하죠.

학생들은 호기심이 가득한 채 어떻게 하면 '기체가 날아가 버리지 않는 닫힌계에서의 실험'이 되도록 할지 고민하며 여러 가지 방법을 제안하였다.

＿병에 시험관을 넣고 밀봉하여 질량을 측정한 후, 병을 흔들어서 반응이 일어나도록 해요.

＿밀봉하는 대신 병의 입구가 좁다면 풍선을 달아도 돼요.

학생들은 시약을 조심스레 다루면서 실험을 했다. 예상대로 생성물로 발생한 이산화탄소는 공기 중으로 날아가 버리지 않았으므로 반응 전후의 질량이 똑같았다.

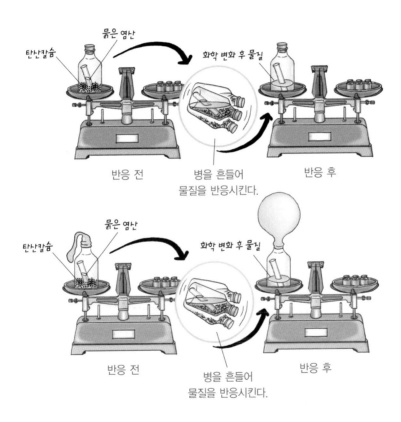

기체가 발생하는 화학 변화에서의 질량 변화 실험 장치

나는 황의 연소 실험을 하면서 질량이 보존된다는 것을 밝혀냈지요. 하지만, 한참 후에 아인슈타인(Albert Einstein, 1879~1955)이 상대성 이론을 발표했어요.

질량 보존의 법칙과 상대성 이론

　아인슈타인의 상대성 이론에 의하면, 질량과 에너지는 서로 바뀔 수 있습니다. 질량-에너지 등가의 원리인데, 열의 출입이 있는 반응에서는 엄밀히 따지면 에너지가 질량으로 바뀔 수 있으므로 질량 보존의 법칙이 성립되지 않는다고 할 수 있습니다.

　하지만 일반적인 보통의 화학 반응에서는 출입하는 에너지의 양이 적으므로 이를 질량으로 환산하면 아주 작은 질량 값이 나옵니다. 즉, 보통의 화학 반응에서는 질량 보존의 법칙은 성립하며, 핵반응과 같이 출입하는 에너지가 클 경우에는 질량 변화도 크므로 성립하지 않습니다.

　잘 알았나요? 질량 보존의 법칙은 일반적인 화학 반응에서는 잘 적용된답니다.

장난감을 가지고 놀고 있었군요.

네, 블록으로 비행기를 만들고 있어요.

이 조각들을 이용하면 화학 반응을 설명할 수 있겠네요.

화학 반응을요?

여기 있는 블록을 구리라고 생각하고 연소 반응이 일어 난다고 상상해 보세요.

연소 반응이니까 공기 중의 산소와 결합해야겠네요.

네, 맞아요. 이렇게 구리 4g에 산소 1g이 합쳐져서 산화구리가 만들어지는데, 이것을 화학 반 응이라고 하지요.

산소와 구리가 합쳐 진 거니까 산화구리 의 질량은 5g이 되 겠네요.

맞아요. 반응 전의 물질을 반응 물질, 반응 후의 물질을 생성 물질이라고 하는데, 화학 변화를 거 치면 생성 물질은 반응 물질과는 전혀 다른 물질 이 됩니다. 그러나 이때 질량은 보존되지요.

반응 물질 ――――→ 생성 물질
화학 변화

아~, 그러니까 이렇게 조각 들이 합쳐져서 전혀 다른 모양 의 비행기가 되고, 또 비행기 무 게는 각 조각들의 무게의 합과 같으니까 화학 반응과 비슷 하다고 하신 거죠?

그렇지요.

일정 성분비의 법칙

물질들이 결합하여 새로운 물질을 생성할 때
반응하는 물질들의 질량 사이에는 일정한 정수비가 성립합니다.

다섯 번째 수업

일정 성분비의 법칙

라부아지에는 학생들을
강당으로 모이게 한 후
다섯 번째 수업을 시작했다.

학생들은 들뜬 마음으로 강당을 향했다. 강당에 도착한 학생들은
눈앞에 펼쳐진 광경을 보고 신이 났다. 강당 중앙에 블록이 가득 흐
트러져 있었던 것이다.

__블록으로 만들기 놀이를 할 건가요?
__난 자동차를 만들어야지……

학생들은 신이 나서 떠들었지만 곧 이상한 점을 발견했다.

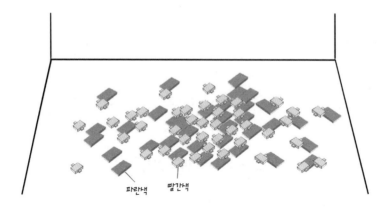

파란색 빨간색

__ 선생님, 블록이 빨간색의 블록과 파란색의 블록뿐이에요.

__ 자동차를 만들기에는 블록의 종류가 너무 부족해요.

허허, 수업 시간이 끝나면 다른 블록들을 주지요. 내가 왜
빨간색의 블록과 파란색의 블록만을 준비하였을까요?

학생들마다 빨간색의 블록과 파란색의 블록을 각각 100개씩 나누
어 가졌다. 그리고 빨간색의 블록은 수소, 파란색의 블록은 산소라
고 정하였다.

라부아지에는 빨간 블록 2개와 파란 블록 1개를 가지고 수증기 입
자를 만들어 보라고 하였다.

학생들은 빨간 블록 2개와 파란 블록 1개를 한 세트로 열심히 수증
기 입자를 만들었다.

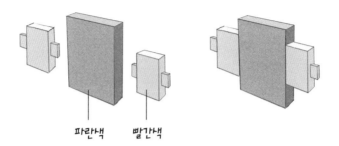

파란색　　빨간색

　빨간 블록 100개와 파란 블록 100개를 가지고 수증기 입자를 몇 개나 만들 수 있나요?

　＿모두 50개를 만들 수 있어요.

　＿수증기 입자 하나를 만들려면 빨간 블록 2개와 파란 블록 1개가 필요하니까 모두 만들 수 있는 수증기 입자는 50개예요.

　＿빨간 블록은 남는 것 없이 모두 다 사용할 수 있지만 파란 블록은 50개가 남아요.

　파란 블록이 무조건 많다고 해서 수증기 입자가 많이 만들어지나요?

라부아지에는 학생들에게 물었다.

　＿아니요. 생성물의 조성에 따라 반응물은 필요한 만큼만

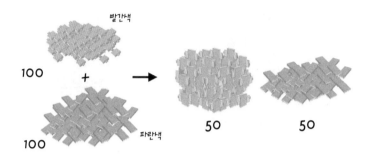

빨간색

100 + → 50 50

100 파란색

반응해요.

어느 한쪽 반응물의 양이 상당히 많다고 해도 이와 짝을 이루어 반응해야 하는 다른 한쪽 반응물의 양이 한정되어 있다면, 만들어지는 생성물의 양은 일정합니다.

그러므로 반응하는 물질들 사이에는 일정한 질량비가 성립하지요. 자, 이제 실제 실험을 통해서 알아볼까요?

라부아지에는 지난 시간에도 보았던 강철 솜의 연소 장치를 준비하였다. 학생들은 왜 예전에 했던 실험을 다시 하는지에 대해 의문을 품었다.

__ 선생님, 강철 솜 연소 실험은 지난 시간에도 했는데요.

저런, 공부한 내용을 잊고 또 실험을 할까 봐 걱정되는 모양이군요. 오늘은 강철 솜의 질량을 달리하면서 연소시켜 보도록 하지요.

서로 질량이 다른 강철 솜의 연소

라부아지에는 학생들을 3개 조로 나누어 질량을 달리하여 강철 솜을 태워 보게 했다. 첫 번째 상민이의 조는 강철 솜의 질량을 7g, 영빈이네 조는 14g, 윤주네 조는 3.5g으로 실험을 하였다.

강철 솜은 철을 가느다란 실처럼 뽑아서 뭉쳐 놓은 것이므로 연소하는 도중 공기를 타고 강철 솜 재가 날릴 수가 있습니다. 그러면 질량 손실이 생기므로 정확한 실험이 되도록 하기 위해서는 조심해야만 합니다. 또 강철 솜이 모두 연소되도록 충분한 시간도 필요합니다.

라부아지에는 학생들에게 이런 주의를 주고 안전에 유의하도록 하며 학생들의 실험 결과를 기다렸다. 학생들이 실험한 결과는 다음과 같았다.

실험	연소 전 강철 솜의 질량(g)	연소 후 강철 솜의 질량(g)	강철 솜과 화합한 산소의 질량(g)	강철 솜과 산소의 질량비	간단한 정수비
상민이네 조	7.0	10	3.0	7:3	7:3
영빈이네 조	14	20	6.0	14:6	7:3
윤주네 조	3.5	5.0	1.5	3.5:1.5	7:3

강철 솜과 산소의 질량비를 정수비로 환산해 볼까요? 세 조가 모두 만족할 만한 공통의 질량비가 나올까요?

정수로 딱 떨어지지 않았기 때문에 어려운 일이었다. 그래도 가장 가까운 정수비를 찾아야 했다.

__7 : 3이네요.

씩씩하게 상민이네 조가 대답했다. 영빈이네 조도 이미 7 : 3이라는 비가 나온 것 같았다. 윤주네 조도 고개를 끄덕였다. 학생들의 입에서는 작은 탄성이 터져 나왔다.

__ 어떻게 강철 솜과 산소의 질량비가 일정하게 나오지요? 다른 조도 같은 질량비로 나왔어요.

__항상 일정한 질량비로 반응하여 생성물이 만들어지는
건가요?

　　라부아지에는 웃음을 지으며 말했다.

　　화합물을 생성할 때 반응하는 물질들 사이에는 일정한 질
량비가 성립하지요. 이것이 바로 1799년 프루스트(Joseph
Proust, 1754~1826)가 말한 일정 성분비의 법칙입니다. 프루
스트는 천연의 탄산구리와 실험실에서 제조한 탄산구리의
성분비를 조사하다가 이들의 분석 결과가 같다는 결론을 내
리고 일정 성분비의 법칙을 발표했지요.

구리와 산소의 반응

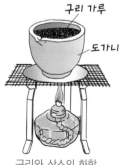

구리 가루

도가니

　　다음은 붉은 구리를 산화시켜 볼까
요? 붉은 구리를 도가니에 넣고 서서
히 가열하면 검은색의 산화구리(Ⅱ)가
생성됩니다.
　　붉은 구리 1g을 서서히 가열하면 시

구리와 산소의 화합

간이 지나면서 질량은 조금씩 증가합니다. 그러나 반응 시작 후 40분 정도가 지나자 질량은 더 이상 증가하지 않았습니다.

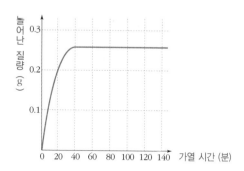

구리의 가열 시간에 따른 질량의 변화 (구리 1g일 때)

반응이 진행될수록 왜 질량이 증가할까요?

붉은 구리를 가열하여 질량이 증가하는 것은 붉은 구리에 산소가 화합하기 때문이에요. 가열하는 동안 화합한 산소의 질량만큼 구리의 질량이 늘어나요.

그런데 시간이 흐르면서 계속 가열하여도 구리의 질량이 증가하지 않는 시점에 도달하게 되는데, 이것은 왜일까요?

구리가 모두 반응하여 더 이상 산소와 반응할 수 없기 때문에 질량이 증가하지 않는 것이지요.

구리와 결합한 산소의 질량은 다음 그래프와 같은데, 아래의 그래프를 보면 가로축에서 구리의 질량이 4g일 때, 세로

축의 산소의 질량은 1.0g입니다. 구리와 산소가 화합하는 질량비는 4 : 1로 일정합니다.

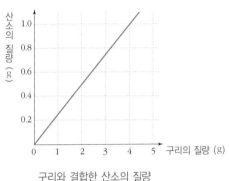

구리와 결합한 산소의 질량

자, 이제 몇 가지 화합물들이 생성될 때의 반응 질량비를 알아보도록 하지요.

구리 + 산소 → 산화구리

$2Cu + O_2 → 2CuO$

4 : 1 : 5

마그네슘 + 산소 → 산화마그네슘

$2Mg + O_2 → 2MgO$

3 : 2 : 5

탄소 + 산소 → 이산화탄소

$C + O_2 \rightarrow CO_2$

3 : 8 : 11

수소 + 산소 → 물

$2H_2 + O_2 \rightarrow 2H_2O$

1 : 8 : 9

위와 같이 반응하는 물질들 사이에는 일정한 질량비가 성립합니다.

__그럼 질량비를 모두 외워야 하는 건가요?

__반응하는 질량비를 실험적으로만 알 수 있는 건가요?

이와 같은 학생들의 질문에 라부아지에는 원자량을 이야기했다.

원자량은 탄소 원자의 원자량을 12로 한 각 원자들의 상대적인 질량 값입니다.

탄소의 원자량을 12로 하고 산소의 원자량을 16으로 하면, 위의 이산화탄소 생성식에서 반응하는 탄소의 원자량은 12이고, 또 반응하는 산소의 원자량은 32입니다. 그럼 탄소 :

산소의 질량비는 12 : 32 = 3 : 8이 됩니다.

$$C + O_2 \rightarrow CO_2$$

탄소 원자량 : 12 → 탄소 12

산소 원자량 : 16 → 산소 16 × 2 = 32

탄소 : 산소 = 12 : 32 = 3 : 8

물의 합성 반응

이번에는 물을 합성해 볼까요? 물이 생성되려면 어떤 물질
이 화합해야 할까요?

__수소와 산소요.

라부아지에는 수소와 산소의 모형을 그림으로 그렸다.

수소와 산소는 어떠한 비로도 혼합될 수 있습니다. 이는 수
소와 산소의 혼합 기체를 형성할 때를 이야기합니다. 하지만
물이라는 화합물을 형성할 때에는 항상 수소와 산소는 1 : 8

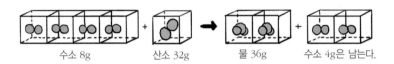

수소 8g   산소 32g   물 36g   수소 4g은 남는다.

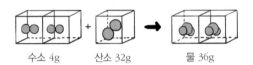

수소 4g   산소 32g   물 36g

의 질량비로 반응합니다.

오늘 공부를 제대로 했는지 확인해 볼까요? 수소 2g과 산소 8g이 반응하면 물 10g이 생성되나요?

__ 아니요. 수소와 산소는 1 : 8의 질량비로 반응하잖아요.

__ 수소 1g은 반응하지 않고 남아요. 물은 9g이 생성되고요.

수소 3g과 산소 26g이 반응하면 어떻게 되나요?

__ 수소는 3g이 모두 반응하는데, 산소는 24g만 필요하니까 산소 2g이 남아요.

__ 물은 27g이 생성되지요.

아주 잘 이해했어요. 화합물을 구성하는 원소들의 질량비는 일정하다는 것을 공부했습니다. 우리는 물질이 변화할 때의 규칙성에 대해 질량 보존의 법칙과 일정 성분비의 법칙을 공부했어요. 물질들도 그들의 규칙을 지키며 반응한다는 것

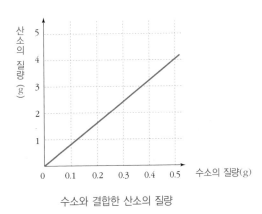

산소의 질량 (g)

수소의 질량(g)

수소와 결합한 산소의 질량

이 신기하지요?

— 네.

학생들은 물질들이 신기하다는 듯 라부아지에의 말에 대답을 하며

수업을 마쳤다.

실험을 준비하고 계신 건가요?

네, 옛날에 했던 실험을 다시 해 보고 있는 중이랍니다.

저희가 도와 드릴게요.

선생님, 근데 왜 같은 실험을 다시 하시나요?

비슷한 실험이지만 알고자 하는 내용은 다른 거랍니다.

각자 3.5g, 7g, 14g의 강철 솜을 가지고 연소시켜 보도록 해요. 강철 솜의 재가 날리지 않도록 조심하고요.

네~!

연소 후 강철 솜과 결합한 산소의 질량비를 환산해 보면 대략 7 대 3의 비율일 겁니다. 여러분이 연소시킨 강철 솜은 어떤가요?

어, 대략 7 대 3 정도 나오는 것 같은데요.

저도요!

이처럼 화합물을 생성할 때 반응하는 물질들 사이에는 일정한 질량비가 성립하는데, 이것이 1799년 프루스트가 말한 일정 성분비의 법칙입니다.

그렇군요.

돌턴의 원자설

질량 보존의 법칙과 일정 성분비의 법칙이 발표된 후
원자는 더 이상 쪼갤 수 없는 기본 입자라고 생각하고 있던
돌턴은 원자설을 발표했습니다.

6

여섯 번째 수업
돌턴의 원자설

라부아지에는
학생들에게 돌턴을 소개하며
여섯 번째 수업을 시작했다.

수업에 앞서 오늘 공부하게 될 가설을 제안한 돌턴(John Dalton, 1766~1844)을 소개하겠습니다. 돌턴은 대학에서 화학을 강의할 때 내가 집필한 《화학 원론》을 교재로 사용했지요. 돌턴은 색맹이었습니다. 자신이 색맹이었기에 색맹에 관심이 많았고 연구도 했습니다. 오늘날에 색맹을 돌터니즘이라고 부르기도 하는 것은 이 때문입니다.

또한 돌턴은 꾸준하게 연구하는 철저한 과학자였습니다. 기상학에도 관심이 있던 그는 날씨를 기록하여 기상 정보를 수집했는데, 일기처럼 날씨를 관측하여 기록한 그의 일기는

2만 회가 넘는다고 합니다.

— 우아, 정말 끈기 있는 과학자네요.

학생들의 반응을 본 라부아지에는 계속해서 이야기했다.

과학의 연구는 관찰과 관측이 기본이 된다는 사례를 보여
주지요. 여러분도 돌턴처럼 꾸준하고 철저한 과학자가 될 수
있어요.

학생들은 말없이 빙긋 웃고 있지만, 모두들 결의에 찬 눈빛이었다.

원자는 더 이상 쪼갤 수 없다

돌턴은 물질을 쪼개고 쪼개면 더 이상 쪼갤 수 없는 원자라
는 입자에 도달한다고 생각했습니다.

앞에서도 언급했듯이 원자(atom)라는 용어의 의미는 a +
tomos로서 '더 이상 나눌 수 없다'는 의미입니다. 원자라는
말을 처음 사용하기 시작한 것은 데모크리토스인데 돌턴도
이 생각에 관심을 갖고 있었던 것입니다.

여기 소금물이 있습니다. 소금물은 보통 어떤 물질이 녹아 있는 것인가요?

　라부아지에는 소금물이 들어 있는 비커를 들어 학생들에게 보여 주었다.

　__ 소금인 염화나트륨(NaCl)이 물(H_2O)에 용해되어 있는 것이에요.

　소금물을 나누면 처음에 무엇으로 나눌 수 있나요?

　__ 증류를 통해서 소금 성분인 염화나트륨(NaCl)과 물(H_2O)로 나눌 수 있어요.

　염화나트륨(NaCl)은 전기 분해를 통해서 나트륨(Na)과 염소(Cl_2)로 나눌 수 있습니다. 나트륨(Na)은 나트륨(Na) 원자로 이루어진 것이고 염소(Cl_2)는 염소(Cl) 원자로 이루어진 것입니다. 물(H_2O)은 역시 전기 분해를 하여 수소(H_2)와 산소(O_2)로 분해할 수 있고, 수소 기체(H_2)와 산소 기체(O_2)는 각각 수소 원자(H) 2개와 산소 원자(O) 2개로 이루어진 것입니다.

소금물 ⎡ 소금 (NaCl) → Na 금속 + Cl_2 기체 → Na 원자 + Cl 원자
　　　 ⎣ 물 (H_2O) → H_2 기체 + O_2 기체 → H 원자 + O 원자

물질을 쪼개어 간다는 의미가 무엇이지 알겠지요?

__ 물질을 분리하고 분해하면서 가장 작은 입자까지 나눈다는 의미군요.

이렇게 물질을 쪼개어 가면 더 이상 쪼갤 수 없는 상태에 도달해요. 돌턴은 원자 상태를 더 이상 나눌 수 없는 상태로 본 것이지요.

학생들이 알았다는 듯이 고개를 끄덕였는데, 상민이가 문득 생각났다는 듯이 손을 들었다.

__ 핵분열 같은 경우는요?

다른 학생들은 상민의 질문에 아차 싶은 표정이었다. 원자는 쪼개지지 않는다고 했는데, 오늘날에는 원자핵을 쪼개고 있지 않은가?

돌턴의 가설에서 수정되어야 할 부분이지요. 원자도 큰 에너지를 가하면 쪼개지는데, 바로 원자로 안에서의 핵반응이 일어나는 경우일 때이지요.

__ 그럼 돌턴이 틀린 건가요?

옛날 가설이 틀렸다고 하기보다는 오늘날 과학의 발달로

경우에 따라서 수정해야 할 부분이 생긴 것이지요. 돌턴의 원자설을 공부하다 보면 현대에 와서 부분적으로 수정해야 할 부분이 나타난답니다. 돌턴은 원자는 쪼갤 수 없다는 생각뿐 아니라 다른 가설들도 생각했어요.

돌턴은 라부아지에가 발표한 질량 보존의 법칙과 프루스트가 발표한 일정 성분비의 법칙에 동의하며 이 법칙들을 뒷받침할 만한 가설을 제안했는데, 이번 시간에는 그 가설들에 대해 공부하게 됩니다.

돌턴의 원소 기호

라부아지에는 여러 가지 원자 모형을 가져와서 학생들에게 나눠 주었다. 학생들은 수업 시간에 만질 수 있는 무엇인가를 손에 쥐게 되면 흥분하게 된다. 라부아지에가 나눠 준 원자 모형은 참으로 다양했다. 모양도 네모, 세모, 동그라미, 별 등이었고 크기도 다양했다. 또한 모형의 소재도 다양했다. 찰흙으로 된 것, 종이로 된 것, 스티로폼으로 된 것, 블록으로 된 것 등 여러 가지였다. 뿐만 아니라 색깔도 제각기 달랐다.

여러분은 원자 모형을 왜 사용하는지 알고 있나요?

원자는 너무 작아서 우리 눈에 보이지 않지요. 그래서 구체화하여 우리의 이해를 돕기 위해 모형을 사용하는 거예요.

__ 원자의 크기가 얼마나 작은데요?

수소 원자의 크기는 1×10^{-10}m 정도로 탁구공의 2.5억 배작지요.

__ 우아, 너무 작아서 상상하기도 어렵네요.

자, 이제 철 금속과 구리 금속을 만들어 볼까요?

학생들은 즐겁게 흥얼거리며 저마다 모형을 만들었다. 만들고자 하는 것들이 모두 홑원소 물질들이어서 철은 철 원자를 촘촘히 배열하면 되는 것이고, 구리는 구리 원자를 촘촘히 배열하면 되는 것이다.

자, 모두 다 만들었으면 어디 한번 다른 친구들과 서로 바꿔 가며 보도록 하지요. 친구의 철 금속을 들어 보세요. 자기 것 말고 옆 친구의 철 금속을요.

학생들은 서로 철이 어떤 것이냐고 물어보며 웅성대기 시작했다. 그게 아니고 그 옆의 것이라는 둥 짜증스럽고 혼동된 말소리들이 오갔다. 그러던 중 상민이가 손을 들었다.

＿선생님, 모두들 철 원자를 제각기 나름대로 정하였기 때문에 혼란스러워요. 더군다나 철 금속이나 구리 금속이 모두 홑원소 물질이어서 저희가 만든 모형 2가지 중 어떤 것이라도 철도 되고 구리도 되는 게 아닌가요?

그렇지요. 우리의 이해를 도와주는 모형이라 할지라도 모형 하나하나마다 이것은 '무슨 원자'라고 합의를 해 두지 않으면 혼란스럽지요. 철인지, 구리인지 알 수가 없으니까요.

모형을 사용할 때에도 사용하고 있는 사람들끼리 약속이 있어야 합니다. 그래야 모형만 보고도 무슨 물질인지 알아볼 수 있지요.

원자 모형이 약속되지 않으면 한 교실 안에서도 이렇게 혼란스러운데, 원소 기호와 같은 전 세계적인 약속은 꼭 통일되어야겠어요.

돌턴이 활발히 연구하던 시대에는 아직 원소 기호가 사용하기에 편리하도록 발전되지 않았답니다. 돌턴이 만든 원소 기호를 볼까요?

돌턴의 원소 기호를 본 학생들은 키득키득 웃었다. 영빈이가 말했다.

＿화학 반응식을 쓰려면 한참 걸리겠네요. 외우기도 어려

돌턴의 원소 기호

울 것 같아요.

하지만 점점 원소를 표현하는 것이 간단해지기 시작했어요. 현대의 원소 기호는 후에 베르셀리우스(Jöns Berzelius, 1779~1848)가 만든 것을 기본으로 하지요.

현대의 원소 기호와 비교하여 볼까요?

__오늘날의 원소 기호가 훨씬 사용하기 편리해요.

여러분이 이미 잘 알고 익혀 온 원소 기호이지요. 이제 모형도 통일시켜 볼까요?

원소 기호	이름	원소 기호	이름
H	수소	Na	나트륨
He	헬륨	Mg	마그네슘
Li	리튬	Al	알루미늄
Be	베릴륨	Si	규소
B	붕소	P	인
C	탄소	S	황
N	질소	Cl	염소
O	산소	Ar	아르곤
F	플루오르	K	칼륨
Ne	네온	Ca	칼슘

현대의 원소 기호

라부아지에와 학생들은 빨간 공을 탄소라고 하고, 파란 공을 산소라고 약속했다. 이들은 이 공을 가지고 일산화탄소가 되는 화학 반응식을 모형으로 표현하고자 했다.

모두들 약속된 모형으로 같은 식을 표현했다.

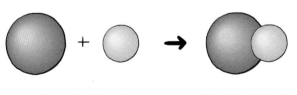

탄소 1개 + 산소 1개   탄소 1개 + 산소 1개

같은 원자는 모양, 크기, 질량이 같다.

다른 원자는 모양, 크기, 질량이 다르다.

자, 여러분 반응물이 무엇이지요?

＿탄소와 산소이지요.

그럼 생성물은요?

＿일산화탄소이지요.

반응물의 질량을 더한 값은 생성물의 질량과 비교하였을 때 어떤 차이가 있을까요?

＿반응물의 질량의 합과 생성물의 질량의 합은 같아요. 이미 지난 시간에 배웠지요.

이번 시간에는 모형을 보고 이야기하는 것이에요.

반응물에도 빨간 공 1개와 파란 공 1개가 있고, 생성물에도 빨간 공 1개와 파란 공 1개가 있습니다. 반응물을 이루는 원자의 종류와 수, 생성물을 이루는 원자의 종류와 수는 모두 같으므로 질량은 같아야 되는 것이 당연하다고 생각할 수 있어요.

＿선생님, 그럼 질량 보존의 법칙이 적용되기 위해서는 같은 원자끼리는 질량이 같아야 하는 것이네요.

네, 그래요. 돌턴도 그 점을 생각했지요. 돌턴은 내가 질량 보존의 법칙을 발표하자 그 법칙을 지지하며 많은 연구를 했어요. 그리하여 같은 원자는 질량뿐 아니라 모양, 크기도 같다는 가설을 제안한 것이지요.

　＿그런데 선생님, 같은 원소이면서 질량이 다른 경우가 있지 않나요? 어디서 들었던 것 같은데요.

상민이가 의심스러운 듯 조심스레 질문을 했다.

동위 원소

수소의 원소 기호는 다음과 같이 표현할 수 있어요.

$$^1_1\text{H}$$

위의 1은 질량수이고, 아래의 1은 원자 번호입니다. 원자는 원자핵과 전자로 이루어져 있지요. 원자핵은 다시 양성자와 중성자로 나뉘고요.

원자 번호는 중성의 원자일 경우 양성자 수와 전자 수는 같고, 이는 원자 번호와도 같습니다. 또한 질량수는 양성자 수와 중성자 수를 더한 것입니다.

원자 번호 = 양성자 수 = 전자 수
질량수 = 양성자 수 + 중성자 수

앞에서 수소는 질량수가 몇이지요?

＿1이요.

질량수는 양성자 수와 중성자 수를 더한 것이라고 했는데, 양성자 수와 중성자 수는 몇인가요?

＿양성자 수는 원자 번호와 같으니까 1이고요, 중성자 수는 질량수에서 양성자 수를 빼야 하니까 0이네요.

$$^{1}_{1}H$$

원자 번호 = 1 = 양성자 수 = 전자 수
질량수 = 1 = 양성자 수 + 중성자 수
중성자 수 = 질량수 − 양성자 수(원자 번호) = 0

그런데, 수소에는 중수소도 있답니다. 중수소의 표현은 다음과 같이 하지요.

$${}^{2}_{1}\text{H}$$

원자 번호 = 1 = 양성자 수 = 전자수

질량수 = 2 = 양성자 수 + 중성자 수

중성자 수 = 질량수 − 양성자 수(원자 번호) = 1

수소와 중수소는 질량수가 다르지요. 특히 중성자 수가 다릅니다. 이렇게 수소와 중수소같이 원자 번호는 같아서 동일한 원소인데, 질량수가 다른 것을 동위 원소라고 합니다.

__동위 원소는 돌턴이 이야기한 '같은 원자는 모양, 크기, 질량이 같다'에 위배되네요.

예. 돌턴의 가설이 완전히 틀렸다는 것이 아니고, 적용에 있어서 부분적으로 수정할 부분이 있다는 것이지요.

'같은 원자는 모양, 크기, 질량이 같고 다른 원자는 모양, 크기, 질량이 다르다'는 돌턴의 주장은 동위 원소의 발견으로 오늘날 부분적으로 수정되어야 합니다.

화학 변화할 때 원자들은 생성, 소멸하지 않는다

조금 전의 모형 이야기로 다시 돌아가 볼까요?

우리는 탄소 원자 모형과 산소 원자 모형을 이용하여 일산화탄소 원자 모형을 만들었습니다.

여러분은 왜 반응물의 탄소 원자 모형과 생성물의 탄소 원자 모형을 같은 모형으로 사용했나요?

__같지 않으면 반응물과 생성물의 질량의 총합이 달라지니까요. 질량 보존의 법칙에 맞지도 않아요.

__만약 생성물인 일산화탄소에 있는 탄소 원자가 반응물의 탄소 원자와 다른 것이라면 모양도 질량도 크기도 달라질 수 있을 텐데요.

아주 훌륭해요. 잘 생각해 내었군요.

반응물에서 물질을 이루고 있는 원자들은 화학 변화를 거치면서 생성물이 되더라도 원자의 배열 상태만 바뀔 뿐이지 원자 자체는 변화하거나 없어지거나 새로 생기지 않습니다.

__선생님, 그럼 연금술사들은 값싼 금속으로 금을 만들고자 했는데, 절대 성공할 수 없는 노력이었네요.

예, 연금술사들이 값싼 금속을 가지고 아무리 많은 화학 변화를 시도했더라도 원자는 새로 생성되거나 소멸되지 않으므로 금을 만들 수는 없었지요. 연금술사는 성공할 수 없는 목표를 향해 노력을 한 셈이지요. 하지만 연금술사들의 실험적 노력은 근대 화학을 꽃피울 수 있는 밑거름이 되었답니다.

＿그런데 선생님, 이번 사항에서는 수정해야 할 부분이 없나요?

원자는 핵융합에 의해 만들어지기도 하고, 핵분열에 의해 파괴되기도 합니다. 화학 변화 과정 중에 잠시 동안 나타나는 원자도 있기는 하지요.

＿과학은 정말 끊임없이 변화하면서 발전하는 것인가 봐요.

_우리가 이렇게 어렵게 배우는 것도 후세의 학생들은 아주 낮은 수준으로 받아들일지 모를 일이지…….

화학 변화를 거치면서 원자는 변화하지 않습니다. 새로 생성되지도 않고 소멸되지도 않습니다. 난지 원자들의 배열 상태가 변화할 뿐입니다. 그렇기 때문에 화학 반응 전후의 반응물과 생성물의 질량의 총합은 같을 수밖에 없습니다.

화합물은 서로 다른 원자가 정수비로 결합하여 만들어진 것이다.

돌턴은 화합물이 형성될 때 한 원자는 다른 원자와 정해진 비율로 결합함으로써 이루어진다고 했지요.

일산화탄소가 만들어질 때에는 항상 탄소 1개와 산소 1개가 필요합니다. 탄소 1개와 산소 2개가 결합하면 그것은 일산화탄소가 아니고 이산화탄소라는 다른 물질이 되는 것이지요.

_이 사항은 일정 성분비의 법칙을 지지하는 가설인 것 같아요.

예, 일정한 질량을 갖는 원자가 화학 변화를 통해 생성, 소멸하지 않으면서도 화합물을 만드는데, 일정한 정수비로 결합한다니까 결국 일정 성분비의 법칙이 딱 맞을 수밖에 없지요. 하지만 이번 사항은 일정 성분비의 법칙만을 지지하는 내용뿐만이 아닙니다. 다음 시간에 배우게 될 배수 비례의 법칙을 예고하고 있지요. 돌턴은 그의 원자설을 통해 화학 반응이 일어날 경우 원자의 종류, 수, 질량은 변하지 않고 원자의 배열 상태만 변한다는 것을 강조했습니다.

라부아지에는 오늘 배운 내용을 정리해 주었다.

돌턴의 원자설

1. 물질은 더 이상 쪼갤 수 없는 원자로 이루어져 있다.

수소 원자

2. 같은 원소의 원자는 모양, 크기, 질량이 같고, 다른 원소의 원자는 모양, 크기, 질량이 다르다.

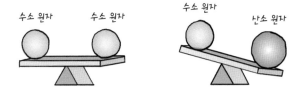

3. 화학 변화를 할 때 원자들은 생성, 소멸하지 않는다.

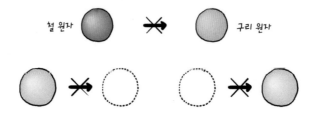

4. 화합물을 형성할 때 원자들은 정해진 수의 비율로 결합한다.

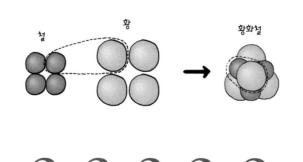

과학자의 비밀노트

홑원소 물질과 화합물

물질은 크게 순물질과 혼합물로 나눌 수 있다. 순물질은 또다시 홑원소 물질과 화합물로 나눌 수 있는데, 하나의 원소로 이루어진 물질을 홑원소 물질이라고 하고, 두 가지 이상의 원소로 이루어진 물질을 화합물이라고 한다. 예를 들어 산소 원자로만 이루어진 오존(O_3)은 홑원소 물질이라고 할 수 있지만, 물(H_2O)은 산소 원자와 수소 원자로 이루어진 화합물이다.

과학자의 비밀노트

원자량

돌턴은 화학적으로 성질이 다른 원자는 서로 다른 질량을 갖는다고 하였다. 그러나 각 원자의 질량을 직접 측정하는 것은 매우 어려우므로, 돌턴은 원자 질량을 추정하기 위하여 화합물을 만들 때 기준 원소의 일정량과 결합하는 다른 원소의 양을 알아내어 실험적으로 원자량을 결정하였다. 예를 들면, 돌턴은 물의 화학식을 HO라고 가정했는데 수소 원자의 질량을 1로 정하면 수소와 산소가 1:8의 질량비로 반응하여 물을 생성하므로 돌턴은 산소 원자의 질량을 8이라고 생각하였다. 그 후 물의 화학식은 H_2O임이 밝혀져 산소 원자의 질량은 16으로 수정되었다.

이처럼 초기에는 수소를 기준 물질로 정하고, 원자량을 1로 하여 다른 원소의 질량을 추정하였다. 나중에는 거의 모든 원소와 화합물을 이루는 산소를 기준 물질로 삼아 그 원자량을 16으로 정하였다.

그러나 대부분의 원소들은 특정 질량을 가진 단일 원자만 존재하는 것이 아니고, 비록 동일 원소라 할지라도 질량이 다른 동위 원소도 존재하고 있음이 밝혀졌다. 지금은 동위 원소의 존재를 고려한 국제 협약에 따라 ^{12}C원자를 원자량의 기준 물질로 삼아 그 원자량을 12.000으로 정하였다.

그리고 원자량의 단위는 amu(atomic mass unit)로 나타낸다.

배수 비례의 법칙

2가지 이상의 원소가 화합하여 2가지 이상의 화합물을 형성할 때,
한 원소의 일정량과 결합하는 다른 원소의 질량비는 항상 간단한 정수비가 성립합니다.

일곱 번째 수업

배수 비례의 법칙

라부아지에는 스티로폼 공이
가득 담긴 상자를 들고 들어와
일곱 번째 수업을 시작했다.

　＿우아, 선생님! 공으로 모형을 만드실 건가요?

　그래요. 우리 일산화탄소와 이산화탄소를 만들어 봅시다.

　＿음, 탄소를 빨간 공으로 하고, 산소를 파란 공으로 하기
로 약속해요. 그래야 서로 알아볼 수 있지요.

　상민이가 이제는 실수하지 않겠다는 듯이 미리 이야기를 꺼냈다.

　그래요, 서로 알아볼 수 있도록 미리 탄소는 빨간 공으로,
산소는 파란 공으로 정하도록 하지요.

배수 비례의 법칙

일산화탄소는 빨간 공 1개에 파란 공 1개가 붙어 있어야 하고, 이산화탄소는 빨간 공 1개에 파란 공이 양쪽으로 하나씩 붙어 있어야 해요. 모두들 그렇게 만들었나요?

학생들은 스티로폼 공을 이쑤시개로 연결하여 재빨리 완성하였다.

일산화탄소

이산화탄소

자, 이제 빨간 공의 질량을 12g이라고 하고, 파란 공의 질량을 16g이라고 합시다. 빨간 공 1개에 붙는 파란 공의 질량은 각각 얼마이지요?

＿일산화탄소에서는 파란 공이 1개이니까 16g의 파란 공이 붙는 것이고요, 이산화탄소에서는 파란 공이 2개이니까 32g이 붙는 것이에요.

일산화탄소 : 탄소 12g + 산소 16g

이산화탄소 : 탄소 12g + 산소 32g

그럼, 배수 비례의 법칙을 적용하여 볼까요? 탄소 일정량에 결합하는 산소의 비는 얼마일까요?

__16 : 32이니까 1 : 2예요.

맞습니다. 일산화탄소와 이산화탄소에서 탄소 12g에 반응하는 산소의 질량 사이에는 16g : 32g = 1 : 2라는 정수비가 성립합니다. 즉, 탄소 일정량에 결합하는 산소의 비는 1 : 2인 것입니다.

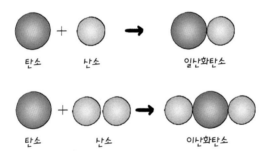

탄소   산소   일산화탄소

탄소   산소   이산화탄소

돌턴은 일산화탄소와 이산화탄소를 예로 배수 비례의 법칙을 확인하였습니다. 전 시간에 배운 돌턴의 원자설에서 네 번째 사항은 배수 비례의 법칙을 포함하는 것이기도 했습니다. 우리 다른 경우를 볼까요?

이번에 라부아지에는 모형 볼트와 너트를 학생들에게 나눠 주었다. 볼트는 B라고 표현하고 너트는 N이라고 표현하기로 했다. 라부아지에는 B 1개에 N 1개를 연결한 것, B 1개에 N 2개를 연결한 것, B 1개에 N 3개를 연결한 것 등 모두 3가지의 화합물 모형을 학생들에게 만들라고 하였다.

모두들 만들었나요? 모두 같은 모양과 크기와 질량을 가진 볼트와 너트예요. 이제 B 일정량에 결합하는 N의 비율을 말해 볼까요?

＿각각 B 1개에 N이 1개, 2개, 3개씩 붙어 있으니까 B 일정량에 결합하는 N의 비는 1 : 2 : 3이에요.

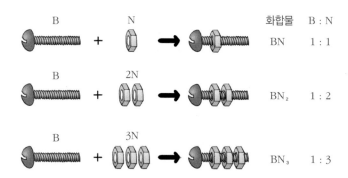

배수 비례의 법칙이 설명 가능한 경우

학생들은 모형을 가지고 만지작거리며 라부아지에에게 물었다.

__물 분자로 배수 비례의 법칙을 설명할 수 있을까요?
그럼요. 물 분자도 만들어 볼까요?

이때 상민이가 손을 들었다.

__물 분자만으로는 설명이 가능하지 않아요. 2가지 이상의 원소로 이루어진 2가지 이상의 화합물이 있어야만 설명할 수 있지요.
맞아요. 그럼 물 분자로 설명하기 위해서는 다른 분자가 또한 가지 필요하겠군요. 무슨 분자를 생각해 볼까요?
__물이 수소와 산소로 이루어졌으니까, 수소와 산소로 이루어진 다른 분자를 생각해야지요.
__과산화수소요. 과산화수소도 수소와 산소로 이루어진 것이니까요.
물은 H_2O이고 과산화수소는 H_2O_2이므로 배수 비례의 법칙을 설명할 수 있습니다. 그럼, 수소 일정량에 결합하는 산소의 질량비는 몇인가요?

　―수소의 질량을 일정하다고 하면 산소의 질량비는 1 : 2 입니다.

　오늘도 잘 공부했군요.

상민이의 대답에 라부아지에는 흡족한 웃음을 지으며 이번 수업을 마무리하였다.

과학자의 비밀노트

배수 비례의 법칙

두 종류의 원소가 화합하여 두 종류 이상의 화합물을 만들 때, 한 원소의 일정량과 결합하는 다른 원소의 질량비는 항상 간단한 정수비를 나타낸 다는 법칙이다.

오늘은 일산화탄소와 이산화탄소의 모형을 만들어 볼까요? 여기 12g의 빨간색 자석 하나를 탄소라고 하고, 16g의 파란색 자석 하나를 산소라고 해 봅시다. 그럼 일산화탄소는 어떤 모양일까요?

이름처럼 산소 1개와 탄소 1개가 합쳐진 것 아닐까요?

맞아요. 그럼 이산화탄소는 어떤 모양일까요?

이산화탄소도 이름처럼 산소 2개와 탄소 1개가 결합한 형태일 것 같아요.

예, 잘 알고 있네요. 그럼 이번에는 일산화탄소와 이산화탄소 모형을 이루는 탄소와 산소의 질량은 각각 얼마인가요?

일산화탄소는 탄소 1개와 산소 1개가 결합했으니 각각 12g, 16g이고, 이산화탄소는 탄소 1개에 산소 2개가 결합했으므로 각각 12g, 32g이에요.

맞았어요.

그리고 일산화탄소와 이산화탄소에서 탄소 12g에 반응하는 산소의 질량비를 구하면 1 : 2라는 정수비가 성립하는데, 이것을 배수 비례의 법칙이라 해요. 돌턴은 일산화탄소와 이산화탄소의 예로 배수 비례의 법칙을 확인했답니다.

두 원소가 화합할 때 항상 간단한 정수비가 성립하지요.

기체 반응의 법칙

화학 반응에서 반응물과 생성물이 기체일 때,
같은 온도와 압력에서, 기체들의 부피 사이에는 항상 간단한 정수비가 성립합니다.

기체 반응의 법칙

라부아지에는
칠판에 모형을 그리며
여덟 번째 수업을 시작했다.

기체들이 반응하고 생성되는 데는 어떤 법칙들이 있을까요?

__ 기체들의 반응에도 법칙이 있나요?

물론이지요. 특히 기체에 대하여 연구를 많이 한 게이뤼삭 (Joseph Gay-Lussac, 1778~1850)이라는 과학자가 있었지요. 여러분은 열기구를 알고 있나요?

__ 커다란 풍선 같은 것을 타고 하늘로 둥둥 떠오르는 것을 말씀하시나요?

허허, 모양은 비슷하겠군요. 게이뤼삭은 열기구 타기를 아주 좋아하는 과학자였지요.

게이뤼삭은 샤를이 수소 기체를 넣어 만든 열기구를 탔었
다고 합니다. 또한 기체는 가열되면 부피가 팽창한다는 것에
착안하여 열기구도 제작하여 실행해 보았지요.

기체 반응의 법칙

게이뤼삭은 기체의 부피에 관심이 많았지요. 어느 날 그는
수소 기체와 산소 기체가 반응하여 수증기를 생성할 때 부피
의 비가 2 : 1 : 2라는 것을 알아냈어요.

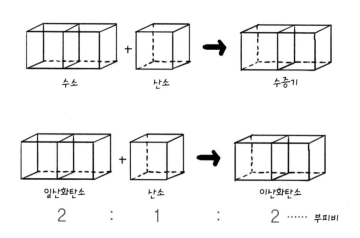

또한 그는 일산화탄소 기체와 산소 기체가 만나서 이산화탄소 기체를 형성할 때도 부피의 비가 2 : 1 : 2라는 것을 알아냈습니다.

게이뤼삭은 실험을 통해서 기체의 반응 부피와 생성 부피를 알아낸 것입니다. 그런데 실험을 할 때마다 이들의 부피의 비는 항상 2 : 1 : 2였습니다.

＿기체들이 반응할 때 반응하는 기체와 생성되는 기체들 사이에는 항상 일정한 부피비가 성립하는군요?

학생들은 과학자들이 실험을 통해서 어떻게 물질들의 규칙을 알아차렸는지 이제 이야기로서도 알 수 있게 되었다.

그렇지요. 이를 게이뤼삭의 기체 반응의 법칙이라고 해요.

＿그런데 모든 기체들이 반응할 때 부피의 비가 2 : 1 : 2예요?

허허, 모든 기체의 부피비가 그렇지는 않지요. 질소와 수소가 만나서 암모니아를 생성할 때 질소 : 수소 : 암모니아 = 1 : 3 : 2입니다. 또 수소와 염소가 만나서 염화수소를 형성할 때에는, 수소 : 염소 : 염화수소 = 1 : 1 : 2입니다.

온도에 따라 부피가 달라지는 기체

여기 쭈글쭈글한 탁구공이 있습니다. 이 탁구공을 따뜻한 물에 넣어 볼까요?

 →  →

쭈글쭈글한 탁구공 → 따뜻한 물에 넣기 → 꺼내 보면 팽팽한 탁구공

쭈글쭈글했던 탁구공이 팽팽해졌습니다. 왜 탁구공이 팽팽해졌을까요?

탁구공 안에 있던 기체 분자들이 따뜻한 물 때문에 기체의 운동 속도가 빨라진 것이지요. 탁구공 안의 기체들은 움직임이 빨라졌으므로 탁구공 벽과 충돌하는 횟수가 증가했고요. 그러므로 부피도 증가해서 결국 팽팽한 탁구공이 된 것이지요.

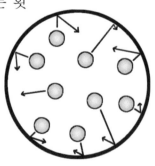

일정한 압력에서 기체의 온도가 상승하면 부피는 증가하는데, 기체의

부피는 온도가 1℃ 상승할 때마다 0℃ 부피의 $\frac{1}{273}$씩 증가한 다고 합니다.

　0℃에서 부피가 300mL인 기체가 있어요. 온도를 273℃ 상 승시키면 부피는 어떻게 되지요?

　__온도가 상승했으니까 증가하겠지요.

상민이가 나와서 칠판에 계산을 했다.

온도가 273℃가 되어 늘어난 부피 : 300 × 273 /273 = 300mL

온도 273℃에서의 총 부피 : 300 + 300 = 600mL

　__1℃ 상승할 때마다 0℃ 부피의 $\frac{1}{273}$씩 부피가 증가한다 고 했으니까, 273℃ 상승하면 칠판의 계산처럼 돼요. 그러므 로 기체의 전체 부피는 원래 300mL가 있었으니까 늘어난 부 피 300mL를 더하면 600mL가 되겠네요.

　그렇습니다. 온도가 상승하면 기체의 부피는 증가하지요. 반대로 온도가 하강하면 기체의 부피는 감소합니다. 기체는 온도에 따라 부피가 변화하는 것이지요. 이는 샤를(Jacgues Charles, 1746~1823)이 밝혀낸 것입니다. 온도에 따라 기체의 부피가 증가하는 경우를 예로 들어 볼까요?

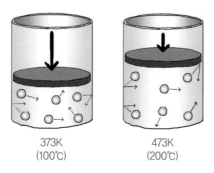

373K
(100℃)

473K
(200℃)

기체의 부피와 온도의 관계

　자동차가 고속도로에서 오랫동안 달리면 타이어가 지면과의 마찰 때문에 뜨거워지게 돼요. 그래서 타이어가 팽팽하게 되지요.

　풍선을 불어서 공기가 새지 않도록 단단히 묶은 후 냉동고에 넣으면, 풍선이 쭈글쭈글해져요. 부피가 작아졌기 때문이에요.

압력에 따라 부피가 달라지는 기체

　이번에는 주사기가 있습니다. 이 주사기 속에는 아무것도 없는 것처럼 보이지요? 주사기 끝을 막고 피스톤을 눌러 보겠습니다.

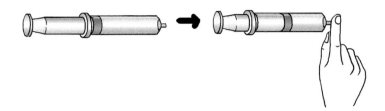

　피스톤은 쑥 들어갔습니다. 하지만 어느 정도까지만 피스톤이 들어가고 더 이상 들어가지 않았습니다. 왜 피스톤은 주사기의 끝부분까지 들어가지 않는 걸까요? 눈에는 보이지 않지만 공기 분자들이 가득 차 있기 때문이에요. 피스톤을 누르니까 주사기 안의 기체들의 부피는 어떻게 되었나요?

　__ 감소했어요.

　피스톤을 누르는 것처럼 일정한 온도에서 기체에 압력을 가하면 부피는 감소합니다. 이것은 보일(Robert Boyle, 1627~1691)이 밝혀낸 법칙이지요.

　기체의 부피는 어떤 조건에서 변화하나요?

　__온도와 압력이 변화하면 기체의 부피도 변화해요.

　기체의 부피는 온도와 압력에 따라 쉽게 변할 수 있습니다. 그러므로 기체의 부피를 표시할 경우에는 온도와 압력을 항상 함께 표시해야 합니다.

기체 반응의 법칙은 부피에 관한 법칙이지요. 우리는 이제 그 인에 입자노 넣어서 생각해 보기로 해요.

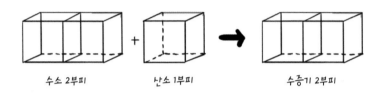

수소 2부피   난소 1부피   수증기 2부피

수소와 산소가 만나서 수증기가 생성되는 반응을 예로 들어 보겠습니다.

수소 : 산소 : 수증기의 비는 2 : 1 : 2입니다. 이제 각 기체의 부피 상자 안에 원자들을 넣어 보겠습니다.

수소 1부피에 수소 원자 1개씩을, 산소 1부피에 산소 원자 1개씩을 그려 넣었다.

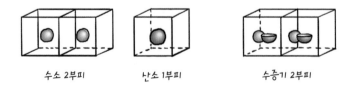

수소 2부피   난소 1부피   수증기 2부피

수소 기체가 수소 원자라고 하고 산소 기체가 산소 원자라고 한다면, 수증기가 만들어질 때 산소 원자는 반으로 쪼개져야 하지요.

__ 수소 기체는 수소 원자 2개로 되어 있는데, 왜 수소 원자 1개로 되어 있다고 하나요? 산소 기체도 마찬가지고요.

학생들은 새삼 라부아지에가 수소와 산소 기체를 단일 원자로 그리는 것이 의아했다. 학생들의 반응에 라부아지에는 껄껄 웃었다.

게이뤼삭이 기체 반응의 법칙을 발표할 즈음에는 과학자들에게 아직 분자의 개념이 자리 잡고 있지 않았지요. 여러분들도 분자를 모른다고 생각하면 원자부터 그려 봐야 하지 않을까요?

학생들은 놀랐다. 새삼스레 분자를 인식하지 못하고 있는 시대의 법칙을 공부하는 것도 어려운데, 이를 밝혀낸 과학자들이 존경스러워졌다.

__ 선생님, 원자를 그려 넣으니까 이상해요.
__ 선생님 말씀대로 산소 원자가 둘로 나누어져야 해요.

학생들은 오히려 낯선 모형을 그려 보며 당황해했다. 이때 상민이
가 손을 들었다.

　　그러면 돌턴의 원자설에 위배되는데요.

　　맞아요. 돌턴은 원자는 쪼개지지 않는다고 했잖아요.

　돌턴의 원자설에 위배되나요? 그럼 질량 보존의 법칙이나
일정 성분비의 법칙에는 위배되지 않나요?

　　반응물과 생성물의 원자의 종류와 개수, 질량이 같으므
로 질량 보존의 법칙과 일정 성분비의 법칙은 이 모형으로도
설명할 수 있어요.

　예, 돌턴의 원자설에만 위배되는 내용이지요. 이 모형으로
는 돌턴의 원자설을 충족시킬 수 없어요.

　과학자들에게 이제 또 다른 과제가 주어진 셈입니다. 잘 맞
지 않는 부분이 생겼으니, 다시 이를 논리적으로 매끄럽게
맞추기 위해서 연구해야 할 테니까요.

　다음 수업 시간에는 또 다른 과학자가 이 문제를 해결하는
것을 배우게 될 것입니다.

과학자의 비밀노트

샤를의 법칙

압력이 일정할 때 기체의 부피는 종류에 관계없이 온도 상승에 비례하여 부피가 증가한다는 법칙이다. 그 이유는 온도가 높아지면 기체 분자의 운동이 활발해져서 용기의 벽에 힘을 가하게 되어 부피가 커지기 때문이다. 즉 V를 온도 t℃에서의 기체의 부피, V_0을 0℃에서의 부피라고 하면 다음의 관계식이 성립한다.

$$V = V_0(1 + \frac{t}{273})$$

보일의 법칙

일정한 온도에서 기체의 압력과 그 부피는 서로 반비례한다는 법칙이다. 외부에서 힘을 가해 기체의 부피를 감소시키면, 기체의 밀도가 증가하여 용기 벽에 부딪치는 기체 분자들의 충돌 횟수도 증가하므로 기체의 압력은 증가한다. 반대로 부피가 늘어나면 압력은 감소한다.

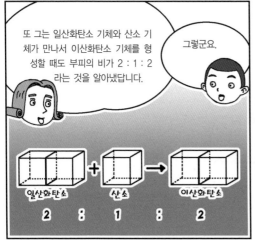

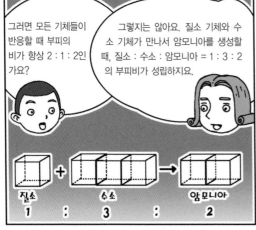

아보가드로의 분자설

돌턴의 원자설만으로 기체 반응의 법칙을 설명하기가 어려움을
과학자들이 인식하게 되면서 아보가드로는 이러한 모순을
해결하기 위해 새로운 입자설을 발표했습니다.

아보가드로의 분자실

라부아지에는 지난 시간에
얘기했던 모순을 언급하며
아홉 번째 수업을 시작했다.

지난 시간에 우린 기체 반응의 법칙이 돌턴의 원자설에 위배되는 모순을 확인했습니다. 수증기를 형성하는 산소 원자가 반으로 쪼개져서 돌턴의 원자설에 위배된 것이었지요.

이제 새로운 과학자가 등장합니다. 바로 아보가드로(Amedeo Avogadro, 1776~1856)이지요. 아보가드로는 기체 반응의 법칙이 원자설에 위배되는 모순을 해결하고자 새로운 입자설인 분자설을 도입했습니다.

라부아지에는 모순된 모형을 다시 한 번 그렸다.

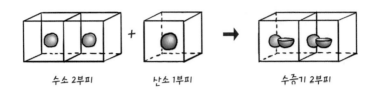

수소 2부피   산소 1부피   수증기 2부피

　수소와 산소가 수증기를 생성할 때 2 : 1 : 2라는 부피의 비
를 유지하면서 산소 원자가 쪼개지지 않기 위해서는 산소가
단일 원자이면 안 되었습니다. 최소한 2개의 산소 원자가 모
여 있는 형태는 되어야 원자가 쪼개지는 모순을 막을 수 있
습니다. 그리하여 아보가드로는 원자보다 더 큰 입자 개념인
분자를 도입하게 되었습니다.

분자와 원자

　분자는 몇 개의 원자가 모여서 형성된 물질의 성질을 가지
는 물질 구성의 기본 입자입니다. 물은 H_2O, 이산화탄소는
CO_2, 부탄은 C_4H_{10}, 포도당은 $C_6H_{12}O_6$, 에탄올은 C_2H_5OH로
표시합니다. 이들은 모두 분자식으로 표시한 것입니다.
　많은 학생들이 이미 분자를 알고 있지요? 1811년 아보가드
로는 분자의 개념을 도입하면서 몇 가지 가설을 제안했어요.

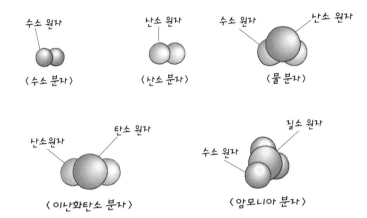

몇 가지 분자 모형

분자가 무엇인지 설명해 볼까요?

__ 몇 개의 원자로 이루어진 집합체예요.

__ 물질을 이루는 기본 입자예요.

학생들이 분자에 대해 아는 것을 대답했다. 그런데 한 학생이 손을 들어 이의 제기를 했다.

__ 물질을 이루는 기본 입자라면 원자라고 배웠는데요.

__ 그럼 아까 대답한 학생이 틀린 것인가요?

틀린 설명은 아니지요. 그럼 원자와 분자가 모두 물질을 이루는 기본 입자라면 차이점이 있을 텐데 무슨 차이점일까요?

학생들은 한동안 생각에 잠겼다. 상민이가 무릎을 치며 손을 들었다.

　__원자는 물질의 성질을 갖지 않는 그냥 알갱이 상태이고, 분자는 물질의 성질을 지니고 있어요. 끓는점, 녹는점, 밀도, 색, 맛 등의 성질을 가지고 있어요.

　암모니아 분자는 몇 개의 원자로 되어 있지요?

　__수소 원자 3개와 질소 원자 1개로 되어 있으니까 모두 4개의 원자가 모여 암모니아 분자 한 개가 되었어요.

　물 분자는 몇 개의 원자로 되어 있지요?

　__수소 원자 2개와 산소 원자 1개로 되어 있으니까 총 3개의 원자가 모여 물 분자 1개를 형성해요.

　원자 2개로 이루어진 분자를 이원자 분자라고 하고, 수소(H_2), 산소(O_2), 질소(N_2) 등이 있습니다.

　원자 3개로 이루어진 분자를 삼원자 분자라고 하고, 예로는 수증기(H_2O), 이산화탄소(CO_2) 등이 있습니다.

분자설

분자설에는 여러분이 이야기한 분자에 대한 개념이 들어

있습니다.

아보가드로는 분자의 개념을 다음과 같이 표현했습니다.

1. 물질은 분자라는 작은 입자로 되어 있는데, 몇 개의 원자로 된 집합체이고, 물질의 특성을 갖고 있다.

2. 분자가 몇 개의 원자로 쪼개질 수 있는데, 원자 상태로 나누어지면 물질의 특성을 잃게 된다.

3. 온도와 압력이 일정할 때, 모든 기체는 기체의 종류에 상관없이 같은 부피 속에 같은 분자 수를 포함한다.

칠판에 그리는 그림은 분자 모형에 맞는지 생각해 보세요.

라부아지에가 그림을 그리자마자 학생들은 바로 대답을 했다.

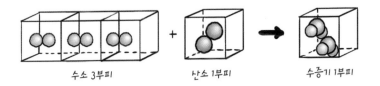

수소 3부피   산소 1부피   수증기 1부피

__틀린 그림이에요.

왜 그렇지요?

__같은 부피 속에는 같은 분자 수를 갖는다고 했는데, 수

증기(물)를 표현한 부피 상자에는 수증기 분자가 2개 들어 있
어요.

＿수소 분자가 1개 더 많아 기체 반응의 법칙에노 맞지 않
아요.

그럼 다음 그림도 볼까요?

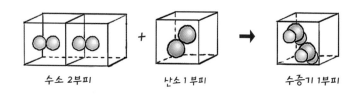

수소 2부피 ＋ 난소 1부피 → 수증기 1부피

＿이번 그림도 틀렸어요. 역시 마찬가지 부분에서요. 한
부피 상자에 모두 분자가 1개씩 들어 있는데, 수증기 분자만
여전히 2개예요.

바르게 고쳐 봅시다.

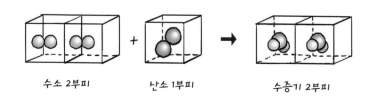

수소 2부피 ＋ 난소 1부피 → 수증기 2부피

이제 수증기의 모형이 아보가드로의 가설에 맞도록 온도와

압력이 일정할 때, 같은 부피 속에 같은 분자 수가 그려졌나요?

___네.

온도와 압력이 일정할 때 모든 기체는 기체의 종류에 상관없이 같은 부피 속에는 같은 분자 수를 포함한다는 아보가드로의 가설은 후에 아보가드로의 법칙이 되었습니다.

기체 반응의 법칙이 돌턴의 원자설에 위배되면 기체 반응의 법칙이 틀린 거 아닌가요?

글쎄요, 아보가드로는 그렇게 생각하지 않았어요.

예를 들어 수소와 산소가 수증기를 생성할 때 2 : 1 : 2라는 부피의 비를 유지하면서 산소 원자가 쪼개지지 않는 방법을 고민했지요.

수소 2부피   산소 1부피   수증기 2부피

결국 아보가드로는 원자보다 더 큰 입자 개념인 분자설을 도입하였답니다.

분자는 무엇인가요?

그래! 분자!
분자가 좋겠어!

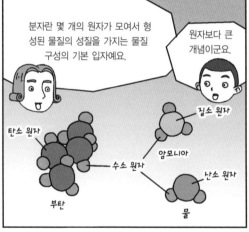

분자란 몇 개의 원자가 모여서 형성된 물질의 성질을 가지는 물질 구성의 기본 입자예요.

원자보다 큰 개념이군요.

탄소 원자
수소 원자
부탄
질소 원자
암모니아
산소 원자
물

맞아요. 아보가드로의 분자설을 도입하면 돌턴의 원자설에 위배되지 않으면서 기체 반응의 법칙을 적용할 수 있지요.

정말 그렇겠네요.

즉, 온도와 압력이 일정할 때 모든 기체는 종류에 상관없이, 같은 부피 속에 같은 분자 수를 포함한다는 아보가드로의 법칙으로 정립되었답니다.

가설을 통해 법칙을 만들었군요.

아보가드로의
법칙

아보가드로의 법칙

같은 온도와 압력에서 기체들은 그 종류에 상관없이
같은 부피 속에 같은 분자 수를 포함합니다.

10

마지막 수업
아보가드로의 법칙

마지막 수업을 맞은 라부아지에는
섭섭한 마음으로
마지막 수업을 시작했다.

학생들도 아쉬워하는 표정이었다. 라부아지에가 수업을 시작하려 하자 학생들이 여기저기에서 손을 들어 지난 시간에 배운 아보가드로의 가설에 대하여 질문했다.

＿선생님, 지난 시간에 배운 아보가드로의 가설이요. 잘 이해되지 않아요.

＿음, 같은 부피 속에는 같은 분자 수를 갖는다고 하셨는데, 아무리 온도와 압력이 일정하다고 해도 어떻게 같은 수의 분자가 들어 있을 수 있나요?

아보가드로의 법칙

　＿예를 들어, 우유를 다 마신 후 1,000mL 팩에 지우개를 넣는 것이고, 클립을 넣는 것하고는 들어갈 수 있는 전체 개수가 다를 텐데, 왜 기체 분자는 같은 부피의 용기 속에는 같은 수의 분자가 들어간다고 하나요?

라부아지에는 고개를 끄덕였다. 당연히 학생들이 궁금해할 것이라는 표정이었다.

　여러분은 기체 분자 자체의 크기를 크게 생각하고 있기 때문에 이해가 잘 가지 않는 것이에요.

　기체 분자 자체의 크기는 클립과 지우개만큼 큰 차이가 아니라는 것입니다. 기체 분자 자체의 크기는 기체가 차지하고 있는 전체 부피에 비하여 무시할 수 있을 만큼 작다고 했습니다. 특히나 기체가 차지하는 부피는 그 기체 알갱이 자체의 부피가 아니라 기체가 운동하는 공간의 부피를 의미하는 것입니다.

　＿아하, 그렇군요. 기체의 부피는 기체가 운동하는 공간을 의미하지요. 온도가 상승하여 분자 운동이 활발해져서 운동

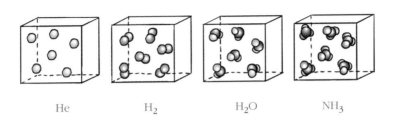

He H_2 H_2O NH_3

공간이 넓어지면 부피가 증가하는 거니까요. 분자 자체의 부피만을 생각하다 보니까 이해하기가 어려웠어요.

__이제 같은 부피 속에 같은 분자 수가 들어 있다는 말을 이해할 수 있어요.

라부아지에의 설명을 듣고 학생들은 마음이 무척 가벼워졌다.

아보가드로는 분자설을 세상에 발표하여 원자보다 좀 더 큰 입자인 분자의 존재를 세상에 인식시켰지요. 그런데 아보가드로가 1811년 분자설을 발표하고 난 후, 과학자들은 아보가드로의 가설을 실험적으로 밝혀내었어요. 이제 아보가드로의 가설은 더 이상 가설이 아니고, 아보가드로의 법칙이 되었지요.

1865년에 과학자들은 아보가드로의 수를 실험적으로 밝혀냈습니다. 아보가드로가 밝혀낸 것은 아니지만, 아보가드로의 분자설에 근거를 두었기 때문에 아보가드로의 수라고 이름을 붙였습니다.

0℃, 1기압에서 기체 22.4L가 차지하는 기체의 분자 수를 아보가드로의 수라고 하지요.

아보가드로의 수를 실험적으로 증명해 낸 바로는 0℃, 1기압에서 기체 22.4L에는 6.022×10^{23}개의 분자 수가 존재한다고 합니다.

즉 0℃, 1기압에서 기체가 22.4L의 부피를 차지한다면, 그 기체가 산소 기체이건 수소 기체이건 염화수소 기체이건 암모니아 기체이건 상관없이 6.022×10^{23}개의 분자 수를 갖는다는 것이지요.

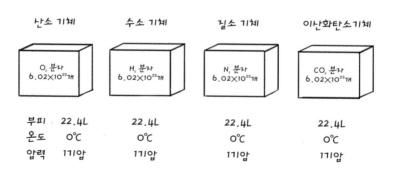

이제 준비한 공부를 모두 끝냈군요. 열심히 공부했나 확인해 볼까요?

라부아지에는 섭섭해하는 학생들과 물질 변화의 규칙에 대한 마무리 학습을 했다.

원자 관련 법칙을 이야기해 볼까요? 원자 관련 법칙이란 원자만으로 설명이 가능한 법칙들이지요. 질량비가 중요하고요.

__질량 보존의 법칙과 일정 성분비의 법칙, 배수 비례의 법칙이요. 원자 관련 법칙을 지지하는 가설로는 돌턴의 원자설이 있지요.

분자 관련 법칙들을 이야기해 볼까요? 분자 관련 법칙이란 분자로 설명되어지는 법칙들이에요. 부피비가 중요하지요.

__기체 반응의 법칙과 아보가드로의 법칙이요.

잘 공부했군요. 나를 비롯하여 많은 과학자들이 이번 수업에서 여러분과 함께 공부했습니다. 여러분들도 미래의 훌륭한 과학자가 되길 바랍니다.

무슨 고민을 하고 있나요?

아보가드로의 법칙에서 같은 부피 속에 같은 분자 수를 갖는다고 하신 게 이해되지 않아요.

예를 들어 같은 부피의 우유팩에 들어갈 수 있는 지우개와 클립의 개수는 다른데, 왜 기체는 같은 부피의 용기에 같은 수의 분자가 들어가나요?

기체 분자 자체의 크기는 클립과 지우개만큼 큰 차이가 아니라 무시할 수 있을 만큼 작아요.

즉, 기체가 차지하는 부피는 그 기체 알갱이 자체의 크기가 아니라 기체가 운동하는 공간을 의미하는 것이지요.

그렇다면 기체의 부피는 기체의 종류와 상관없이 온도와 압력의 영향만 받겠군요?

He   H₂   H₂O   NH₃

네, 맞아요.

분자 자체의 부피만을 생각하다 보니까 이해하기가 어려웠어요.

특히 0℃, 1기압에서 기체 22.4L가 차지하는 기체의 분자 수를 아보가드로의 수라고 하지요.

아보가드로의 수요?

아보가드로의 수 =
0℃, 1기압에서
기체 22.4L가 차지하는
기체의 분자 수

0℃, 1기압에서 기체가 22.4L의 부피를 차지한다면, 기체의 종류에 상관없이 6.02×10²³개의 분자 수를 갖는다는 것이죠.

1억이 넘는 엄청난 숫자이군요.

산소 기체	수소 기체	질소 기체	이산화탄소 기체
O₂ 분자 6.02×10²³개	H₂ 분자 6.02×10²³개	N₂ 분자 6.02×10²³개	CO₂ 분자 6.02×10²³개
부피 22.4 L	22.4 L	22.4 L	22.4 L
온도 0℃	0℃	0℃	0℃
압력 1기압	1기압	1기압	1기압

근대 화학의 아버지
라부아지에 Antoine Laurent Lavoisier, 1743~1794

과학자인 동시에 공직자로서도 다양한 재능을 보여 주었던 라부아지에는 '근대 화학의 아버지'라 불립니다. 연소 반응에서 산소의 역할을 밝히고 원소를 기본 물질이란 개념으로 파악했으며, 화학 반응에서 물질의 보존 원리를 규명하는 등 근대 화학의 토대를 쌓으며 화학을 과학의 한 분야로 정착시키는 데 큰 기여를 했습니다.

라부아지에는 1743년 파리의 부유한 가정에서 태어나 숙모와 아버지, 할머니 밑에서 자라나 다양한 분야의 학문을 마음껏 공부했습니다. 법률가인 아버지 권유로 법과 대학에 진학해 21세 때 법학사가 되었습니다. 그러나 라부아지에는 과학에 흥미가 많았습니다. 어린 시절 수학, 천문학, 광물학 등 자연 과학 전반에 관해 일류 선생으로부터 개인 교습을 받았고, 10세 때 최초의 과학 논문을 썼습니다.

그가 특히 재능을 발휘한 분야는 화학이었습니다. 그는 화학 연구의 업적을 인정받아 불과 25세의 젊은 나이에 파리 과학 아카데미 회원으로 선정됐습니다. 라부아지에는 28세 때 14세 연하의 마리 안 피에레트 폴즈를 아내로 얻었습니다. 그녀는 영국 과학자들의 논문을 프랑스어로 번역해 주고, 라부아지에의 연구 결과를 글로 정리하는 등 조교 역할을 하였습니다.

그러나 프랑스 혁명이 일어나자 라부아지에는 구체제의 세금 청부인으로 고발되어, 1794년 5월 8일 단두대에서 생애를 끝마칩니다. 수학자 라그랑주는 "이 머리를 베어 버리기에는 일순간으로 족하지만, 같은 두뇌를 만들려면 100년도 더 걸릴 것이다."라며 그의 죽음을 애통해했다고 합니다.

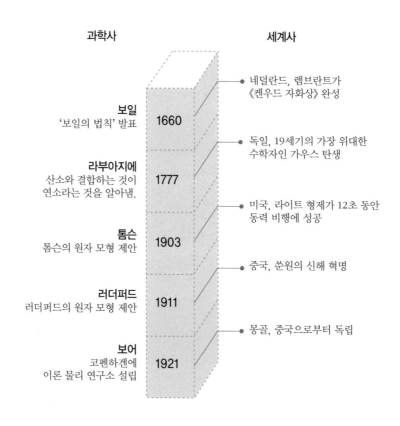

과 학 연 대 표

언제, 무슨 일이?

과학사

보일
'보일의 법칙' 발표

라부아지에
산소와 결합하는 것이
연소라는 것을 알아냄.

톰슨
톰슨의 원자 모형 제안

러더퍼드
러더퍼드의 원자 모형 제안

보어
코펜하겐에
이론 물리 연구소 설립

세계사

네덜란드, 렘브란트가
《켄우드 자화상》 완성

독일, 19세기의 가장 위대한
수학자인 가우스 탄생

미국, 라이트 형제가 12초 동안
동력 비행에 성공

중국, 쑨원의 신해 혁명

몽골, 중국으로부터 독립

1660

1777

1903

1911

1921

1. 물질을 이루는 기본 입자는 ☐☐ 라고 하고, 물질을 이루는 기본 성분은 ☐☐ 라고 합니다.

2. 프리스틀리는 물질이 연소될 때 ☐☐☐☐☐ 이 빠져나간다고 했습니다.

3. 화학 변화를 거치면서 반응물과 생성물은 전혀 다른 성질을 갖는 물질로 변하지만, 화학 반응 전후의 ☐☐ 은 보존됩니다.

4. 원자 번호는 같아서 동일한 원자인데 질량수가 다른 것을 ☐☐ ☐ ☐ 라고 합니다.

5. 기체들이 반응할 때 반응하는 기체와 생성되는 기체들 사이에는 항상 일정한 부피비가 성립되는데, 이를 ☐☐☐☐ 의 기체 반응의 법칙이라고 합니다.

6. ☐☐☐☐☐ 는 분자설을 발표해서 원자보다 좀 더 큰 입자인 분자의 존재를 세상에 알렸습니다.

1. 원자, 원소 2. 플로지스톤 3. 질량 4. 동위 원소 5. 게이뤼삭 6. 아보가드로

인류에게 꼭 필요한 화학

화학은 다른 분야보다 늦게 진정한 과학이 되었습니다. 그러나 화학적 현상을 인류가 이용한 것은 인류의 역사와 같이 합니다. 인간은 불을 사용하여 기원전 15세기경에 구리와 주석의 합금인 청동을 만들었고, 철을 제조하여 청동기 시대와 철기 시대를 열었습니다.

1700년대 후반부터 화학은 여러 합성 물질을 제공하여 인류에게 보다 큰 혜택을 주고 있습니다. 소금에서 탄산나트륨을 만들어 유리와 비누 공업의 기초 원료를 제공하였고, 염소의 표백 작용을 발견하여 세탁과 표백의 수고를 덜게 하였습니다. 합성 비료와 농약의 사용으로 농업 생산성이 증가되고 많은 인류를 굶주림에서 구하였습니다.

또한 합성 의약품을 제공하여 많은 사람을 고통과 죽음에서 구하였고, 합성 섬유와 염료의 개발로 취향에 맞는 색상의 옷을 입게 하였습니다. 오늘날 우리의 의식주 생활에서 화학적으로 만든 물질이 사용되지 않았거나, 화학적 처리 과정을 거치지 않은 것을 찾기가 힘들 정도입니다.

앞으로도 화학은 인류와 사회를 위해 많은 일을 할 것이 분명합니다. 보다 편리하고 성능이 좋은 제품 개발은 화학을 통해 얻어진 새로운 성질의 화합물의 바탕 위에서 이루어질 것입니다. 생명계의 구성과 기능, 그리고 분자 간 상호 작용을 보다 잘 이해하고, 이를 바탕으로 질병을 진단하고 치료함으로써 건강한 삶을 유지하게 하는 데 화학이 필수적으로 기여할 것입니다.

화학은 자원과 에너지원을 효율적으로 사용하고, 재생하며, 대체 자원을 개발하는 데 큰 몫을 할 것입니다. 환경 친화적 화학 공정을 개발하고, 오염된 환경을 정화시키는 것에도 화학은 큰 역할을 할 것입니다.